《水利改革发展“十三五”规划》辅导读本

本书编写组 编

中国水利水电出版社
www.waterpub.com.cn
·北京·

图书在版编目（CIP）数据

《水利改革发展“十三五”规划》辅导读本 /《水利改革发展“十三五”规划》辅导读本编写组编. -- 北京 : 中国水利水电出版社, 2017.7
ISBN 978-7-5170-5728-4

Ⅰ. ①水… Ⅱ. ①水… Ⅲ. ①水利规划－五年计划－中国－2016-2020－学习参考资料 Ⅳ. ①TV212.1

中国版本图书馆CIP数据核字(2017)第191203号

书　名	**《水利改革发展“十三五”规划》辅导读本** 《SHUILI GAIGE FAZHAN “SHISANWU” GUIHUA》FUDAO DUBEN
作　者	本书编写组　编
出版发行	中国水利水电出版社 （北京市海淀区玉渊潭南路1号D座　100038） 网址：www.waterpub.com.cn E-mail：sales@waterpub.com.cn 电话：（010）68367658（营销中心）
经　售	北京科水图书销售中心（零售） 电话：（010）88383994、63202643、68545874 全国各地新华书店和相关出版物销售网点
排　版	中国水利水电出版社微机排版中心
印　刷	三河市鑫金马印装有限公司
规　格	148mm×210mm　32开本　8.875印张　177千字
版　次	2017年7月第1版　2017年7月第1次印刷
印　数	0001—2000册
定　价	**35.00**元

本书编写人员

陈　雷　周学文

（以下按姓氏笔画为序）

马建华　王爱国　牛志奇　邢援越

乔建华　任宪韶　刘伟平　刘志广

刘建明　齐玉亮　许文海　李　鹰

李坤刚　杨得瑞　束庆鹏　肖　幼

吴文庆　汪安南　沈凤生　陈明忠

赵　勇　侯京民　高敏凤　唐传利

蒲朝勇　蔡建元

编 写 说 明

2016年12月，《水利改革发展“十三五”规划》经国务院同意后，由国家发展改革委、水利部、住房城乡建设部联合印发实施。规划紧扣到2020年实现全面建成小康社会的奋斗目标，研究提出了“十三五”水利改革发展的总体思路、发展目标、主要任务、总体布局和政策措施，是指导“十三五”时期水利改革发展的重要依据。为帮助广大干部群众进一步了解规划内容，我们邀请水利部部长陈雷同志、副部长周学文同志对规划的主要精神和内容进行解读，并请水利部有关司局和单位负责同志撰写辅导文章，形成了这个读本。

由于时间和水平有限，疏漏和错误之处在所难免，敬请批评指正。

本书编写组

2017年6月

目 录

水利改革发展“十三五”规划

（2016 年 12 月 20 日，经国务院同意，由国家发展改革委、水利部、住房城乡建设部联合印发实施）

目　录

划编制工作的总体要求，国家发展改革委会同水利部、住房城乡建设部组织编制了《水利改革发展“十三五”规划》(以下简称《规划》)。《规划》紧紧围绕实现全面建成小康社会这个奋斗目标，从全局和战略的高度，研究提出了“十三五”时期水利改革发展的总体思路、发展目标、主要任务、总体布局和政策措施。

本《规划》是指导今后五年水利改革发展的重要依据。

水利改革发展“十三五”规划*

一、发展基础

（一）主要成就

“十二五”时期，党中央、国务院相继作出加快水利改革发展、保障国家水安全、推进重大水利工程建设等一系列决策部署，水安全上升为国家战略，治水理念不断升华，治水兴水进入一个新的阶段。五年来，重大水利等工程建设全面提速，最严格水资源管理制度加快实施，水生态环境稳步改善，水利改革深入推进，圆满完成了规划确定的主要目标和任务，投资规模大、建设进度快、改革力度强、综合效益好、群众受益多，为稳增长调结构促改革惠民生防风险等发挥了重要作用，在我国治水史上写下了浓墨重彩的一笔。

防汛抗旱减灾取得重大胜利。成功应对了 2012 年长江三峡水库建库以来最大洪水、黄河上游干流洪水和 2013 年黑龙江、松花江、嫩江发生的流域性大洪水，有效防御了“菲特”“海燕”“威马逊”“苏迪罗”等强台风和洪涝灾害，最大程度减轻了 2011 年北方冬麦区、长江中下游和西南地区大范围严重干旱影响，以及 2014 年黄

* 此为公开稿。

淮、华北和西北干旱损失。全国防洪减淹耕地近1.86亿亩，累计避免城市进水受淹551座次，解决了7000多万城乡居民因旱临时饮水困难，完成抗旱浇地面积12.9亿多亩。与“十一五”相比，洪涝灾害死亡失踪人数、受灾人口、农作物受灾面积分别减少64%、38%、28%，因洪灾死亡失踪人数为新中国成立以来最少。

重大水利等工程建设全面提速。国务院确定的172项重大水利工程已开工85项。南水北调东中线一期工程建成通水，大江大河大湖防洪体系、流域区域水资源配置格局不断完善。全面完成“十二五”农村饮水安全工程规划任务，3.04亿农村居民和4133万农村学校师生喝上安全水，农村饮水安全问题基本解决。实施了156条主要支流和4500多条中小河流重要河段治理，全面推进病险水库水闸除险加固，基本建成2058个县级山洪灾害监测预警系统和群测群防体系。推进大中型灌区、大型灌排泵站改造与建设，加快东北节水增粮、华北节水压采、西北节水增效、南方节水减排等区域规模化高效节水灌溉，开展小型农田水利重点县建设，基本覆盖农业大县。继续推进牧区水利建设。实施水电新农村电气化县和小水电代燃料、农村水电增效扩容改造建设。“十二五”期间，全国水利建设完成总投资达到2万亿元，年均投资4000亿元，是“十一五”年均投资的2.9倍。

最严格水资源管理制度初步建立。制定并落实水资源开发利用控制、用水效率控制、水功能区限制纳污“三条红线”，并将指标逐级分解到省市县三级行政区，建立水资源管理责任制，开展最严格水资源管理制度考核工作。开展53条主要江河水量分配方案制订工作。开展大型煤电基地、城市新区等规划水资源论证，强化重大建设项目水资源论证。制定南水北调东中线一期工程水量调度方案并启动水量调度工作，继续推进黄河、黑河、塔里木河、石羊河等重点流域水量统一调度。制定《全国重要江河湖泊水功能区划》，完成全国重要水功能区纳污能力核定，提出了限制排污总量意见。启动重要饮用水水源地安全达标建设，按照《地表水环境质量评价标准》，2014年全国175个重要饮用水水源地水质达到或优于Ⅲ类标准的占98.8%。

水生态文明建设加快推进。开展了105个全国水生态文明城市建设试点工作。加强河湖生态补水和重要江河水量调度，实施引江济太、珠江压咸补淡、南四湖和白洋淀应急补水等，改善河湖水生态环境。强化地下水保护和管理，完成全国地下水超采区评价，实施南水北调工程受水区、汾渭盆地等地区地下水超采治理，开展河北省地下水超采区综合治理试点，启动实施国家地下水监测工程。推进长江上中游等重点区域水土流失治理，加快坡耕地综合整治和生态清洁小流域建设。太湖水环境综合治理初见成效，主要水质指标明显改善。塔里木河近期治理、石羊河重点治理任务基本完成，加强敦煌水资源合理利用与生态保护，流域生态环境得到初步改善。

重点领域改革取得积极进展。创新水利投融资机制，增加财政水利投入，落实计提土地出让收益用于农田水利建设政策，发放专项建设基金和过桥贷款，加大金融支持力度，开展社会资本参与重大水利工程建设运营试点，鼓励和引导社会资本投入。大幅减少水行政审批事项，精简重大水利项目审批程序。调整水资源费征收标准，各地区最低标准平均提高约45%。在27个省份120个县开展农业水价综合改革试点。实行城市居民生活用水阶梯式水价制度。开展水权确权和水权交易试点，水权水市场建设稳步推进。推进水利工程建设管理体制改革，项目招投标全面进入公共资源交易市场，率先开展水利建设市场主体信用体系建设。深化国有水管单位体制改革和小型水利工程管理体制改革，开展农田水利设施产权制度改革和创新运行管护机制试点。基层水利服务体系建设得到加强，全国基层水利服务机构达到29351个，发展8.34万个农民用水合作组织和2000多支县级抗旱服务队。

依法治水管水得到加强。水法规体系进一步健全，修订后的《水土保持法》正式施行，《太湖流域管理条例》《南水北调工程供用水管理条例》颁布实施。大力推进水利综合执法，开展河湖管理范围划定及水利工程确权划界，启动河湖管护体制机制创新试点，加强河道采砂、河湖管理等监督执法。水利规划体系不断完善，国务院先后批复七大流域综合规划（修编）、水资源综合规划、水土保持规划等重大规划，组织编制全国水中长期供求规划、水资源保护规划、现代灌溉发展规划、地下水利用与保护规划等一批重要规划。第一次全国水利普查工作圆满完成。水利信息化水平加快提升，全国防汛抗旱指挥系统、水资源监控系统、水土保持监测系统初步建成。水利科技创新能力不断加强，引进、推广水利先进实用技术，建成一批国家重点实验室和工程技术研究中心。水利国际交流与合作不断深化。

专栏1　“十二五”规划主要指标完成情况

序号	指　标	指标完成情况	
		规划指标	完成情况
1	解决农村饮水安全人口/亿人	2.98	3.45
2	水利工程新增年供水能力/亿立方米	400	380
	其中：新增城市年供水能力/亿立方米	260	250
3	新增农田有效灌溉面积/万亩	4000	7500
4	新增高效节水灌溉面积/万亩	5000	12000
5	全国用水总量/亿立方米	[6350]	[<6350]
6	农田灌溉水有效利用系数	[0.53]	[0.532]
7	单位工业增加值用水量降低比例/%	30	35
8	新增水土流失综合治理面积/万平方公里	25	26.6
9	新增小水电装机容量/万千瓦	1000	1400

注　1. 带［　］为期末达到数，其余为5年累计数。

2. 单位工业增加值用水量采用2010年不变价计算。

总体上看，经过多年来持续大规模的投入，全国大江大河防洪减灾体系基本建成，流域和区域水资源配置格局不断优化，农田灌排体系基本建立，水土资源保护能力明显提高，为国民经济和社会发展提供了有力支撑。

（二）发展形势

“十三五”时期是全面建成小康社会的决胜阶段，是全党全社会加快推进“四个全面”战略布局的关键五年，经济社会发展对水利提出了新的更高的要求。实现全面建成小康社会目标，加快新型工业化、城镇化、信息化和农业现代化发展，实施“一带一路”建设、京津冀协同发展、长江经济带建设等重大战略，要求加快完善水利基础设施网络体系，更加精准有力地发挥对区域协同发展的先行引导作用，强化水资源管理，全面提升水利保障经济社会发展的能力。实现人民生活水平和质量普遍提高，让全体人民共同迈入小康社会，需要着力解决好水利发展中不平衡、不协调、不可持续的问题，加快推进水利公共服务均等化，强化保障和改善民生。大力推进生态文明建设，实现生态环境质量总体改善，建设美丽中国，要求坚持人水和谐，加快转变用水方式，着力缓解水资源水环境约束趋紧的矛盾，在推进水利绿色发展、可持续发展方面迈出新的步伐。全面深化改革，使市场在资源配置中起决定性作用和更好发挥政府作用，需要加快构建充满活力、富有效率、创新引领、法治保障的水利体制机制，推进水治理体系和治理能力现代化。

与经济社会发展要求和各方面需求相比，目前，我国的水安全保障能力还存在不小差距，推进供给侧结构性改革，需要补齐水利这个短板。随着经济社会快速发展和气候变化影响加剧，在水资源时空分布不均、水旱灾害频发等老问题仍未根本解决的同时，水资源短缺、水生态损害、水环境污染等新问题更加凸显，新老水问题相互交织。洪涝干旱灾害仍是心腹之患，流域性大洪水、局部强降雨、强台风、山洪、城市内涝、区域干旱等灾害时有发生，防汛抗旱仍面临严峻挑战。特别是受超强厄尔尼诺影响，2016 年全国发生多次大范围强降雨过程，一些流域和区域遭受严重洪涝灾害，暴露出防洪排涝减灾体系仍存在不少薄弱环节，需要着力补齐中小河流治理、小型病险水库除险加固、城市排水防涝等“短板”，增强防洪排涝减灾能力。一些地区水供求紧张态势凸显，部分城市水源单一，水资源约束趋紧矛盾尚未有效缓解。农田水利基础仍较薄弱，农田灌溉“最后一公里”问题仍然存在。全国废污水排放量居高不下，一些河流污染物入河量超过其纳污能力。全国水土流失面积 295 万平方公里，约占国土面积的 30%。部分地区水资源过度开发，生态用水被严重挤占，水生态环境恶化趋势尚未得到根本扭转。最严格水资源管理制度有待进一步落实，水资源要素对转变经济发展方式的倒逼机制尚未形成。河湖管理、水利工程管理、洪涝干旱风险管理亟待加强。

当前和今后一段时期，水利改革发展也面临诸多有利条件和难得机遇。党中央、国务院作出加快水利改革发展一系列决策部署，把水安全上升为国家战略，要求加快重大水利工程建设，特别是党的十八届五中全会提出完善水利基础设施网络、实行水资源消耗总量和强度双控行动、防范水资源风险、大规模推进农田水利、加强水生态保护、系统整治江河流域、连通江河湖库水系、建立健全用水权初始分配制度等任务要求，为“十三五”水利改革发展指明了方向，提供了强有力的政策支持和保障。我国经济发展前景和市场空间广阔，全社会对水利高度关注，各地持续大规模兴修水利，公众节水洁水意识不断增强，为加快水利改革发展营造了良好氛围。

总体来看，“十三五”时期水利仍处于补短板、破瓶颈、增后劲、上水平的发展阶段，是加快完善水利基础设施网络、全面深化水利改革、有效破解新老水问题、构建国家水安全保障体系、加快推进水利现代化进程的关键时期。要立足国情水情，紧扣国计民生，着眼发展需要，按照中央关于保障水安全和加快水利改革发展的总体部署，进一步深化水利改革，加快水利发展，着力构建适应时代发展要求和人民群众期待的水安全保障体系。

二、总体要求

（一）指导思想

全面贯彻党的十八大和十八届三中、四中、五中、六中全会精神，深入学习贯彻习近平总书记系列重要讲话精神，紧紧围绕统筹推进“五位一体”总体布局和协调推进“四个全面”战略布局，坚持创新、协调、绿色、开放、共享发展的理念，按照党中央、国务院决策部署，坚持节水优先、空间均衡、系统治理、两手发力，以全面提升水安全保障能力为主线，突出目标和问题导向，以落实最严格水资源管理制度、实施水资源消耗总量和强度双控行动为抓手，全面推进节水型社会建设；以全方位推动水利体制机制创新为突破口，深化水利改革、强化依法治水、加强科技兴水；以推进重大水利工程建设、增强防汛抗旱减灾和水资源配置能力为重点，加快完善水利基础设施网络；以江河流域系统整治和水生态保护修复为着力点，把山水林田湖作为一个生命共同体，大力推进水生态文明建设，为经济社会持续健康发展、如期实现全面建成小康社会目标提供更加坚实的水利支撑和保障。

（二）基本原则

以人为本，服务民生。坚持人民主体地位，把增进人民福祉、促进人的全面发展作为水利工作的出发点和落脚点，着力解决人民群众最关心最直接最现实的防洪、供水、水生态改善等问题，加大水利扶贫攻坚力度，使广大人民群众共享水利改革发展成果，让广大人民群众有更多的获得感。

节约用水，高效利用。把节约用水贯穿于经济社会发展和群众生活生产全过程，严格落实用水总量控制和定额管理制度，建设节水型社会，不断提高用水效率和效益，加快实现从粗放用水向节约集约用水的根本转变，形成有利于水资源节约利用的空间格局、产业结构、生产方式和消费模式。

人水和谐，绿色发展。坚持以水定产、以水定城，量水而行、因水制宜，强化需水管理，合理控制水资源开发程度，努力维护河湖健康，加强水资源安全风险防控和监测预警，实现水资源可持续利用，促进经济社会发展与水资源水环境承载能力相协调。

统筹兼顾，系统治理。树立山水林田湖是一个生命共同体的思想，以流域为单元强化整体保护、系统修复、综合治理，发挥水资源综合利用效益。围绕推进供给侧结构性改革，进一步完善水利基础设施体系，补齐水利发展短板，协调解决水灾害、水资源、水环境、水生态等问题。

深化改革，创新驱动。坚持政府与市场两手发力，着力推进水利重要领域和关键环节改革攻坚，进一步推动治水思路创新、制度创新、科技创新、实践创新，引导全社会积极支持和参与水利建设与管理，实现更高质量、更有效率、更加公平、更可持续的水利发展。

依法治水，科学管水。进一步健全完善水法治体系，依法加强河湖监督管理和水资源水环境管控，强化规划对涉水活动的指引约束作用，有效协调涉水利益，规范水事行为，不断提高水利工作的科学化、法治化水平，提高水利社会管理和公共服务水平。

（三）主要目标

到2020年，基本建成与经济社会发展要求相适应的防洪抗旱减灾体系、水资源合理配置和高效利用体系、水资源保护和河湖健康保障体系、有利于水利科学发展的制度体系，水利基础设施网络进一步完善，水治理体系和水治理能力现代化建设取得重大进展，国家水安全保障综合能力显著增强。

防洪抗旱减灾。健全防汛抗旱指挥调度体系。大江大河重点防洪保护区达到流域规划确定的防洪标准，城市防洪排涝设施建设明显加强，主要海堤达到国家规范设定的标准，中小河流重要河段防洪标准达到10～20年一遇，主要低洼易涝地区排涝标准达到5～10年一遇，山洪灾害重点区域基本形成非工程措施与工程措施相结合的综合防御体系。重点区域和城乡抗旱能力明显增强。全国洪涝灾害和干旱灾害年均直接经济损失占同期 GDP 的比重分别控制在0.6%和0.8%以内。

节约用水。全国年供用水总量控制在6700亿立方米以内。万元国内生产总值用水量、万元工业增加值用水量较2015年分别降低23%和20%。全国城市公共供水管网漏损率控制在10%以内，城镇和工业用水计量率达到85%以上。农田灌溉水有效利用系数提高到0.55以上，大型灌区和重点中型灌区农业灌溉用水计量率达到70%以上。

城乡供水。全国新增供水能力270亿立方米。城镇供水保证率和应急供水能力进一步提高，城镇供水水源地水质全面达标，推动城镇供水设施向农村延伸。农村自来水普及率达到80%以上，农村集中式供水工程供水率达到85%以上，水质达标率和供水保障程度进一步提高。

农村水利。完成434处大型灌区续建配套和节水改造规划任务。新增农田有效灌溉面积3000万亩，全国农田有效灌溉面积达到10亿亩以上。发展高效节水灌溉面积1亿亩。新增小水电装机容量500万千瓦。

水生态环境保护。全国重要江河湖泊水功能区水质达标率达到80%以上。河湖生态环境水量基本保障，河湖水域面积不减少，水生态环境状况明显改善。新增水土流失综合治理面积27万平方公里。地下水超采得到严格控制，严重超采区超采量得到有效退减。

水利改革和管理。水权水价水市场改革取得重要进展，基本建立用水权初始分配制度，基本形成水利工程良性运行机制。依法治水全面强化，水利创新能力明显增强，水利工程管理水平显著提升。健全最严格水资源管理制度，实行水资源消耗总量和强度双控行动，用更加完善的制度保护好水生态环境。

专栏2　“十三五”水利发展主要指标

序号	指　标	“十二五”规划指标	“十二五”末完成	“十三五”规划指标	备注
1	洪涝灾害年均损失率/%	—	(0.4)	(<0.6)	预期性
2	干旱灾害年均损失率/%	—	(0.15)	(<0.8)	预期性
3	全国用水总量/亿立方米	[6350]	[6350]	[6700]	约束性
4	万元国内生产总值用水量降低比例/%	—	31	23	约束性
5	万元工业增加值用水量降低比例/%	30	35	20	约束性
6	农田灌溉水有效利用系数	[0.53]	[0.532]	[0.55]	预期性
7	水利工程新增年供水能力/亿立方米	400	380	270	预期性
8	农村自来水普及率/%	—	[76]	[80]	预期性
9	农村集中式供水人口比例/%	—	[82]	[85]	预期性
10	新增农田有效灌溉面积/万亩	4000	7500	3000	预期性

续表

序号	指　标	“十二五”规划指标	“十二五”末完成	“十三五”规划指标	备注
11	新增高效节水灌溉面积/万亩	5000	12000	10000	预期性
12	新增小水电装机容量/万千瓦	1000	1400	500	预期性
13	新增水土流失综合治理面积/万平方公里	25	26.6	27	预期性
14	重要江河湖泊水功能区水质达标率/%	—	[68]	[80]	约束性
15	城镇和工业用水计量率/%	—	[70]	[85]	预期性
16	农业灌溉用水计量率/%	—	[55]	[70]	预期性

注　1. 带（　）为5年平均值，带［　］为期末达到数，其余为5年累计数。

2. 重要江河湖泊水功能区水质评价指标包括COD、氨氮两项。

3. 城镇和工业用水计量率是指有计量设施的取水量占城镇和工业用水总取水量的比例，农业灌溉用水计量率是指大型灌区和重点中型灌区有计量设施的农业取水口灌溉取水量占总取水量的比例。

三、全面推进节水型社会建设

以落实最严格水资源管理制度、实行水资源消耗总量和强度双控行动、加强重点领域节水、完善节水激励机制为重点，加快推进节水型社会建设，强化水资源对经济社会发展的刚性约束，构建节水型生产方式和消费模式，基本形成节水型社会制度框架，进一步提高水资源利用效率和效益。

（一）落实最严格的水资源管理制度

强化节水约束性指标管理。严格落实水资源开发利用总量、用水效率和水功能区限制纳污总量“三条红线”，实施水资源消耗总量和强度双控行动，健全取水计量、水质监测和供用耗排监控体系。加快制定重要江河流域水量分配方案，细化落实覆盖流域和省市县三级行政区域的取用水总量控制指标，严格控制流域和区域取用水总量。实施引调水工程要先评估节水潜力，落实各项节水措施。健全节水技术标准体系。将水资源开发、利用、节约和保护的主要指标纳入地方经济社会发展综合评价体系，县级以上地方人民政府对本行政区域水资源管理和保护工作负总责。加强最严格水资源管理制度考核工作，把节水作为约束性指标纳入政绩考核，在严重缺水的地区率先推行。

强化水资源承载能力刚性约束。加强相关规划和项目建设布局水资源论证工作，国民经济和社会发展规划以及城市总体规划的编制、重大建设项目的布局，应当与当地水资源条件和防洪要求相适应。严格执行建设项目水资源论证和取水许可制度，对取用水总量已达到或超过控制指标的地区，暂停审批新增取水。强化用水定额管理，完善重点行业、区域用水定额标准。严格水功能区监督管理，从严核定水域纳污容量，严格控制入河湖排污总量，对排污量超出水功能区限排总量的地区，限制审批新增取水和入河湖排污口。强化水资源统一调度。

强化水资源安全风险监测预警。健全水资源安全风险评估机制，围绕经济安全、资源安全、生态安全，从水旱灾害、水供求态势、河湖生态需水、地下水开采、水功能区水质状况等方面，科学评估全国及区域水资源安全风险，加强水资源风险防控。以省、市、县三级行政区为单元，开展水资源承载能力评价，建立水资源安全风险识别和预警机制。抓紧建成国家水资源管理系统，健全水资源监控体系，完善水资源监测、用水计量与统计等管理制度和相关技术标准体系，加强省界等重要控制断面、水功能区和地下水的水质水量监测能力建设。

（二）大力推进重点领域节水

加大农业节水力度。继续把农业节水作为主攻方向，调整农业生产和用水结构，加强灌区骨干渠系节水改造、田间工程配套、低洼易涝区治理和农业用水管理，实现输水、用水全过程节水，提高农业灌溉用水效率，逐步降低农业用水比重，优化用水结构。积极推广使用喷灌、微灌、低压管道输水灌溉等高效节水技术，推进区域规模化高效节水灌溉发展。积极推行灌溉用水总量控制、定额管理，配套农业用水计量设施，加强灌区监测与管理信息系统建设，提高精准灌溉水平。推广农机、农艺和生物技术节水措施。

深入开展工业节水。积极推进重点用水行业水效领跑者引领行动。加快火电、石化、钢铁、纺织、造纸、化工、食品发酵等高耗水工业行业节水技术改造。大力推广工业水循环利用、高效冷却、热力系统节水、洗涤节水等通用节水工艺和技术，依法依规淘汰落后用水工艺和技术，加强非常规水资源利用，提高工业用水效率。强化重点用水单位监督巡查，开展节水型企业创建工作，鼓励产业园区统一供水、废水集中处理和循环利用，规模以上工业企业重复用水率达到91%以上。

加强城镇节水。加快城乡供水管网建设和改造，降低公共供水管网漏损率。全面推广使用生活节水器具，加快换装公共建筑中不符合节水标准的用水器具，引导居民淘汰现有不符合节水标准的生活用水器具，城市节水器具普及率达到90%以上。基本实现城市供水“一户一表”改造全覆盖。推进服务业节水改造，对非人体接触用水强制实行循环利用。深入开展节水型单位和居民小区建设活动，推进机关、学校、医院、宾馆、家庭等节水。到2020年，地级及以上缺水城市全部达到国家节水型城市标准要求，京津冀、长三角、珠三角等区域提前一年完成。

（三）建立健全节水激励机制

完善节水支持政策。合理制定水价，充分运用价格机制促进节约用水。健全水资源有偿使用制度，推进水资源税改革试点。修订《节能节水专用设备企业所得税优惠目录》，落实节水税收优惠政策。积极发挥银行、保险等金融机构作用，优先支持节水工程建设、节水技术改造、非常规水源利用等项目。推行合同节水管理，建立市场融资、利益分享的运行机制，扶持培育一批专业化节水服务企业，开展合同节水管理示范试点。进一步优化农机具购置补贴目录，扩大节水灌溉设备购置补贴范围，带动农业节水产业发展。

培育发展节水产业。规范节水产品市场，提高节水产品质量。加强节水技术创新，建立以企业为主体的节水技术创新体系，鼓励节水技术研发和装备产业化发展，推广应用节水科技成果，支持节水产品设备制造企业做大做强。建立完善节水市场准入标准和强制性认证管理制度，鼓励产品生产者或者销售者使用节水产品认证标志。

强化节水监督管理。强化节水产品认证，严格市场准入。制订国家鼓励和淘汰的用水技术、工艺、产品和设备目录。健全各行业用水定额标准体系，强化先进用水定额管理。严格建设项目节水设施与主体工程同时设计、同时施工、同时投产使用。建立重点监控用水单位名录，严厉查处违法取用水行为。

（四）培养公民节水洁水意识

积极开展节水宣传教育。充分利用各种平台和媒体，加强国情水情教育，开展节水公益性活动，大力宣传节水和洁水观念，树立节约用水就是保护生态、保护水资源就是保护家园的意识，强化公民节水义务和责任，普及节水知识和技能。建设国家水情教育基地。支持依托大中型水利水电工程建设教育展馆，为公众提供水情教育实践平台。

扩大社会参与。鼓励和引导公众增强节约水、爱护水的意识，营造全社会亲水、惜水、节水的良好氛围，推动形成全社会用水自觉、绿色消费。广泛发挥社会组织和志愿者参与节水的积极作用，强化节水的社会监督。

四、改革创新水利发展体制机制

加大水利重点领域和关键环节改革攻坚力度，推进水价、水权、工程投融资机制和建管体制改革，着力构建系统完备、科学规范、运行有效的水管理体制机制。

（一）改革完善水治理体制

完善流域管理与行政区域管理相结合的水资源管理体制。进一步明晰流域与区域、中央和地方的水利事权划分，加快建立各方参与、民主协商、科学决策、分工负责的流域议事协调机制和高效执行机制，协调好流域水资源开发利用与保护、防洪安全保障与水能资源、航道岸线等开发利用的关系。推进以流域为单元的水资源综合管理，依法发挥流域机构在流域规划管理、防洪和水资源统一调度、河湖管理、“三条红线”控制指标考核评估、流域综合执法等方面的职能和作用。加强城乡统筹，推动城镇基础设施和公共服务向农村延伸，促进基本公共服务均等化。引导和扩大社会参与，提高水资源管理透明度，建立健全社会监督机制。

（二）全面推进水价改革

稳步推进农业水价综合改革。完善农业供水计量设施，建立农业水权制度，提高农业供水效率和效益，加强农业用水需求管理，探索创新终端用水管理方式，夯实农业水价改革基础。分级制定农业水价，探索实行分类水价，逐步推行分档水价，建立健全合理反映供水成本、有利于节水和农田水利体制机制创新、与投融资体制相适应的农业水价形成机制。建立农业用水精准补贴和节水奖励机制，多渠道筹集精准补贴和节水奖励资金。

全面推进城镇供水水价改革。全面实行城镇居民用水阶梯价格制度、非居民用水超定额累进加价制度，拉开高耗水行业与其他行业的水价差价。建立鼓励非常规水资源利用的价格激励机制。

（三）积极探索建立水权制度

加快建立用水权初始分配制度。开展水流产权确权试点，研究制定国家水权制度改革总体方案。完善区域用水总量控制指标体系，抓紧制定跨省主要江河水量分配方案，确定区域取用水总量和权益。完善取水许可制度，稳步推进水权确权工作。健全水资源用途管制制度。

积极培育和发展水市场。推动水权交易制度建设，开展水权交易试点，鼓励和引导地区间、流域间、流域上下游、行业间、用水户间开展水权交易，探索多种形式的水权流转方式。统筹建立水权交易机制，推动水权交易平台建设，研究建立水权抵质押制度，加强水权交易监管，维护水市场良好秩序。探索建立流域上下游、重要水源地、重要水生态修复治理区等水生态保护补偿机制。

（四）创新水利投融资机制

继续将水利作为公共财政支持的重点。优化投资结构，创新资金使用方式。落实好土地出让收益计提农田水利建设资金政策。落实水利建设基金筹集和使用管理政策，发挥好政府性水利基金对水利改革发展的支持作用。

鼓励和引导社会资本参与水利工程建设运营。健全政府和社会资本合作机制，积极发展BOT（建设—经营—转交)、TOT（转让经营权)、BOO（建设—拥有—经营）等水利项目融资模式，完善投资补助、财政补贴、贷款贴息、收益分配、价格支持等优惠政策，鼓励和引导社会资本通过资产收购、特许经营、参股控股等多种形式参与水利工程建设和运营。

加大金融支持水利工程建设。充分发挥各类金融机构作用，用好开发性金融、政策性金融等优惠政策，拓宽水利项目融资渠道，缓解地方筹资压力。积极争取拓宽水利建设项目的抵（质）押物范围和还款来源，允许以水利、水电资产及其相关收益权等作为还款来源和合法抵押担保物。鼓励和支持符合条件的水利企业上市和发行企业债券，扩大直接融资规模。

（五）深化水利工程建设与管理改革

推进水利工程建设管理体制改革。落实建设项目法人责任制、招标投标制、建设监理制、合同管理制，推行水利工程建设项目代建制。因地制宜推行水利工程项目法人招标、设计施工总承包等模式，推动水利工程专业化、市场化、社会化建设管理。创新小型农田水利工程建设管理模式，完善财政补助、价格机制、市场准入等相关支持政策，鼓励农民、村组集体、农民用水合作组织、新型农业经营主体等参与农田水利工程建设、管理、经营。探索水利工程移民新型安置方式，健全移民安置监督管理机制。

创新水利工程运行管护机制。推行水利工程企业化、物业化管理。积极推进水利工程管养分离，通过政府购买服务方式，鼓励专业化队伍承担工程维修养护和河湖管护。深化小型水利工程管理体制和产权制度改革，明确工程所有权和使用权，落实管护主体、责任和经费，探索“以大带小、小小联合”的水利工程集中管理模式，促进工程良性运行。

优化水利工程调度运用方式。综合考虑上下游、干支流、左右岸，兼顾防洪保安和蓄水兴利，按照安全第一、风险可控、效益最大的原则，合理制订各类水利工程调度运用方案，不断提高调度的科学化、精细化和规范化水平。积极推进梯级水库群联合调度，促进流域水资源综合利用效益最大化。稳步实施水库汛限水位动态控制，完善优化洪水预报，提高预报精度，延长预见期，合理利用雨洪资源。开展长江、海河等流域蓄滞洪区布局调整研究。

提高水利工程管理现代化水平。划定国有水利工程管理与保护范围。加强水利工程管理制度化、规范化和信息化建设，建立水利基础设施管理信息网络，健全水利工程管理标准规范体系。加强大坝安全监测、水情测报、通信预警和远程控制系统建设，提高水利工程管理信息化、自动化水平。大力推进安全生产标准化建设，完善水利安全生产应急预案体系，建立重大安全隐患防范和应急机制。

五、加快完善水利基础设施网络

以完善江河流域防洪体系、优化水资源配置格局为重点，按照“确有需要、生态安全、可以持续”的原则，在科学论证的前提下，集中力量建设一批打基础、管长远、促发展、惠民生的重大水利工程，加强突出薄弱环节建设，完善水利基础设施网络。

（一）完善江河综合防洪减灾体系

加强江河治理骨干工程建设。以东北三江治理、太湖进一步治理等为重点，进一步完善大江大河大湖防洪减灾体系，提高抵御洪涝灾害的能力。加强长江中下游河势控制和崩岸治理、上游干流治理、洞庭湖鄱阳湖综合整治和蓄滞洪区工程建设。继续实施黄河下游、宁蒙河段和上游河道治理，开工建设黄河古贤、陕西东庄等水利枢纽工程，深入开展黑山峡河段开发工程前期论证。加快淮河出山店水库、平原洼地排涝治理、行蓄洪区调整与建设等治淮骨干工程建设，推进淮河入海水道二期工程前期工作。推进海河流域蓄滞洪区建设与调整，加强重要河道治理。加快西江大藤峡水利枢纽、西江干流河道治理工程建设。全面完成黑龙江、松花江、嫩江干流防洪治理，整体提高东北地区防洪排涝能力。加快太湖流域水环境综合治理和防洪重点工程建设。加快新疆叶尔羌河防洪治理以及阿尔塔什、卡拉贝利等水利枢纽工程建设，推进大石峡水利枢纽等工程前期工作。

进一步加强防洪薄弱环节建设。加快列入规划的流域面积3000平方公里以上的中小河流治理，使治理河段基本达到规划确定的防洪标准。在完成原有规划任务的基础上，扩大流域面积200～3000平方公里中小河流治理实施范围。继续开展山洪灾害防治，完善山洪灾害监测预警系统和群测群防体系，对重点山洪沟进行防洪治理。加强重点易涝区治理，对东北平原、淮河流域、长江中下游、珠江三角洲、闽浙沿海平原等涝灾问题突出的重点圩垸和涝区进行治理，加强区域应急排涝设施建设。加快实施大中型病险水闸除险加固，继续推进病险水库及病险淤地坝除险加固，结合2016年防洪抢险情况，进一步推进小型病险水库除险加固。开展水库清淤试点。开展重点海堤达标建设，以保护沿海地区重要城市、重要经济区、重要基础设施为重点，逐步构筑完善的沿海防潮减灾体系。加快建成国家防汛抗旱指挥系统，形成覆盖地市和重点县区的异地视频网络、覆盖重要水库和水电站的防汛抗旱调度体系。完善水文监测站网体系，提高自动化监测水平。

（二）优化水资源配置格局

加快重点水源工程建设。加快西藏拉洛、贵州马岭、重庆观景口、湖南莽山、黑龙江奋斗、云南德厚等在建水库的建设步伐，力争在“十三五”期间建成发挥效益，着力提高水资源调蓄能力。新开工建设安徽江巷、四川李家岩、贵州黄家湾、云南阿岗、福建霍口、浙江朱溪等一批重点水源工程。继续加强西南等工程性缺水地区中型水库工程建设，增强城乡供水保障和应急能力。

实施一批重大引调水工程。加快陕西引汉济渭、甘肃引洮供水二期、贵州夹岩水利枢纽及黔西北供水、鄂北水资源配置等在建工程建设进度。坚持“三先三后”（先节水后调水、先治污后通水、先环保后用水）原则，深入做好引调水工程前期论证工作，深化引江济淮、滇中引水、引绰济辽等工程前期工作，推进工程尽快开工建设，疏通水资源调控动脉，提高区域水资源水环境承载能力，保障重要经济区和城市群供水安全。加快南水北调东中线一期受水区配套工程建设，充分发挥工程效益。推进南水北调东中线后续工程建设。根据经济社会发展新形势、新理念、新要求和黄河流域水沙变化等情况，进一步深化南水北调西线工程前期论证。

加快抗旱水源工程建设。以干旱易发区、永久基本农田集中区、粮食主产区等为重点，因地制宜建设一批蓄引提调抗旱水源工程，通过科学配置和优化调度，发挥各类水源调节互补的抗旱作用。在中西部山丘区，以水窖、水池、塘坝等为重点，提高雨水集蓄能力，解决干旱期群众生活生产用水问题。

鼓励非常规水源利用。加大雨洪资源、海水、再生水、矿井水、微咸水等开发利用力度，把非常规水源纳入区域水资源统一配置。以缺水及水污染严重地区为重点，加快建设再生水利用设施，工业生产、城市绿化、生态景观等优先使用再生水。加大海水淡化和直接利用力度。完善雨洪资源利用设施，增加对雨洪径流的滞蓄利用能力。积极实施人工增雨（雪），科学开发利用空中云水资源。

六、提高城市防洪排涝和供水能力

（一）提高城市排水防涝和防洪能力

保障城市排水出路通畅。保护山、水、林、田、湖等自然生态要素的完整性，结合自然生态空间格局，构建和完善城市泄洪排水通道。加强对城市坑塘、河湖、湿地等水体自然形态的保护和恢复，禁止填湖造地、截弯取直、过度渠化硬化河道等侵占河湖、破坏水生态的行为。加强河道系统整治，因势利导改造渠化河道，恢复和保持河湖水系的自然连通，构建城市良性水循环系统，保障城市排水出路。

加快城市排水防涝和防洪设施建设。结合城市未来发展规模，统筹市政建设、环境整治、生态保护与修复等需要，综合确定城市河道防洪排涝标准，完善城市防洪排涝体系。通过城市规划引领，推进海绵城市建设，推广海绵型公园和绿地，推进海绵型建筑和相关基础设施建设；推进城市排水防涝工程建设，完善地下综合管廊及排水管网、泵站等设施，着力解决城市内涝问题。

加强预警预报系统建设。加强城市气象和水文信息监测和预警系统建设，提高暴雨、洪水预测预报的时效性和准确率。完善排涝和防洪应急预案，加强城市内涝和洪水风险管理，增强群众防灾避灾意识，最大限度减轻灾害损失。

（二）完善城市供水结构

加快污水再生利用设施建设。以缺水及水污染严重地区城市为重点，加快建设污水再生利用设施，按照

“优水优用，就近利用”的原则，在工业生产、城市绿化、道路清扫、车辆冲洗、建筑施工及生态景观等领域优先使用污水再生水。到2020年，缺水城市再生水利用率达到20%以上，京津冀地区达到30%以上。

加强雨水和海水利用。加强城镇雨水收集、处理和资源化利用，恢复城市雨水的自然循环，涵养城市水源，科学布局建设雨水调蓄设施。雨水调蓄设施应结合城市用地情况，合理安排建设形式，尽量与绿地、水系相结合。因地制宜建设海水淡化或直接利用工程，鼓励沿海地区和工矿企业开展海水淡化水利用示范工作，将海水淡化水优先用于适用的工业企业。

（三）加强城市应急和备用水源建设

加快城市应急备用水源工程建设。对水源单一、应对突发事件能力不足的城市，要在对现有供水水源挖潜改造的基础上，统筹考虑在建和规划水源，合理确定城市应急备用水源方案，加快推进城市应急备用水源建设，完善城市水源格局，增强城市应急供水能力。单一水源供水的地级及以上城市应于2020年底前基本完成备用水源或应急水源建设，有条件的地方可以适当提前。

提高城市供水水源安全保障能力。对现状地下水超采的城市，在充分挖掘节水潜力的前提下，因地制宜开展替代水源工程建设，通过开辟新水源或外调水置换压采地下水，逐步修复地下水生态环境。对水源水质较差的城市，要针对特征污染物，实施精准治污和加强水源保护；加快城市中自然本底浓度超标的地下水水源的置换，确保城市供水水质安全。严格划定应急和备用水源水源保护区，确保城市应急和备用水源水质安全。

七、进一步夯实农村水利基础

大兴农田水利，加强农村供水设施改造与建设，因地制宜发展小水电，进一步提高粮食生产的水利保障能力，改善农村生活条件和人居环境，提升农村水利基本公共服务水平。

（一）大规模推进农田水利建设

完成434处大型灌区续建配套和节水改造任务，推进中型灌区节水改造，开展大中型灌区现代化改造试点，完善灌排设施体系，提高输配水效率。全面完成列入规划的251处大型灌排泵站的更新改造任务，启动实施重点中型灌排泵站更新改造。在水土资源条件具备的地区，加快建设嫩江尼尔基、吉林松原、湖南涔天河、海南红岭、四川向家坝等一批节水型、生态型大型灌区，提高粮食产能和农业综合生产能力。在重点灌区全面开展规模化高效节水灌溉行动，以西北节水增效、华北节水压采、南方节水减排等区域规模化高效节水灌溉建设为重点，因地制宜发展低压管道输水灌溉、喷灌和微灌，突出抓好粮食主产区、生态环境脆弱区、水资源开发过度区等重点地区高效节水灌溉工程建设。着力加强农业灌溉计量设施建设，完善灌区计量设施体系，加强灌溉试验站网建设和成果应用。加强中小型农田水利设施建设，打通农田水利“最后一公里”。稳步推进牧区水利建设。

在南疆叶尔羌河、和田河等流域，以及甘肃河西走廊、吉林白城等严重缺水区域，实施专项节水行动计划。

（二）实施农村饮水安全巩固提升工程

推进农村饮水安全巩固提升，综合采取改造、配套、升级、联网等方式，进一步提高农村集中供水率、自来水普及率、供水保证率、水质达标率。在距离城镇供水管网较近的农村，通过扩容改造和管网延伸，改善农村供水条件。对部分规模较小、设施简陋的单村供水工程进行配套改造，推进联村并网集中供水。对人口相对分散区域，进行小型和分散式供水工程标准化建设。因地制宜采取适宜的水处理技术，提高水质达标率和供水保障程度，有条件的地区可实行分质供水。加强农村饮用水水源保护。加强水质检测能力建设，完善农村饮水工程水质检测监测体系，提升农村饮水安全监管水平。按照国家打赢脱贫攻坚战、全面建成小康社会的目标要求，做好贫困地区农村饮水安全巩固提升与建档立卡贫困村贫困户的精准对接，全面解决全国建档立卡贫困人口存在的饮水问题。

（三）有序发展小水电

重点扶持中西部地区、贫困地区、革命老区、偏远地区和民族地区的农村水电发展，引导农村水能资源科学、合理、有序开发。实施农村小水电扶贫工程，促进贫困地区脱贫致富。在以河流为单元进行生态修复和开展梯级联合调度的前提下，对部分具备条件的农村水电站实施增效扩容改造，巩固农村水电发展成果、提高综合能效和安全性能。开展农村水电安全生产标准化建设，推动农村水电直供电片区电网改造，推进绿色小水电建设。

八、加强水生态治理与保护

坚持节约与保护优先、自然恢复与治理修复相结合的方针，加强水生态保护和修复，推进水土流失综合治理，加快实施水污染防治行动计划，改善河湖和地下水生态环境。

（一）加大水资源保护力度

加强水功能区监督管理，建立健全水功能区分级分类监督管理体系，强化入河湖排污总量管理。优化调整沿河湖排污口、取水口布局，编制相关整治规划，对入河排污布局问题突出、威胁饮水安全或水质严重超标区域的排污口实施综合整治。落实饮用水水源地核准和安全评估制度，把供水人口 20 万以上的水源地纳入全国重要饮用水水源地名录，加强监督保护。全面开展重要饮用水水源地安全保障达标建设，实施水源地安全警示、隔离防护、水源涵养和修复措施。推动科学划定饮用水水源保护区工作，依法清理水源保护区内违法建筑、排污口和各类养殖户。加强集中式地下水饮用水水源地保护。

（二）科学确定和维持河湖生态流量

科学确定重要江河湖泊生态流量和生态水位，将生态用水纳入流域水资源统一配置和管理。协调好上下游、干支流关系，深化河湖水系连通运行管理和优化调度。合理安排重要断面下泄水量，维持重要河湖、湿地及河口基本生态需水，重点保障枯水期生态基流。积极推进北方及水资源过度开发地区退减被挤占的河道内生态环境水量，对东北、华北及西北地区等重要湿地和湖泊实施生态补水。继续加强塔里木河、黑河、石羊河等流域水量统一调度，巩固生态综合治理成果。

（三）加强重点河湖水生态修复与治理

严格河湖生态空间管控，划定河湖管理和保护范围，加强河湖水域岸线保护，严格限制占用水域，系统整治江河流域，有序推动河湖休养生息，保护和恢复河湖生态系统及其功能。通过退耕还湖还湿、退养还滩、封育保护、水源涵养等措施，强化重要生态功能区、江河源头区、自然保护区生态保护。以京津冀“六河五湖”（永定河、滦河、北运河、大清河、潮白河、南运河和白洋淀、衡水湖、七里海、南大港、北大港）、西北内陆河、重要湿地等为重点，综合运用强化水资源统一配置与管理、河道治理、清淤疏浚、生物控制、自然修复、截污治污等措施，推进生态敏感区、生态脆弱区、重要生境和生态功能受损河湖的生态修复。因势利导改造渠化河道，重塑健康自然的弯曲河岸线，营造自然深潭浅滩和泛洪漫滩，为生物提供多样性生境，加强水生生物资源养护。加强农村河道堰塘整治，改善农村人居环境和河流生态。尊重自然规律和经济规律，在保护生态的前提下，以自然河湖水系、调蓄工程和引排工程为依托，科学规划、合理布局，因地制宜实施河湖水系连通工程。

（四）加强水土保持生态建设

坚持预防为主、防治结合，注重封育保护和自然修复，加强西北黄土高原区、东北黑土区、西南岩溶区等重要江河源头区、重要水源地和水蚀风蚀交错区，以及革命老区、民族地区、边疆地区、贫困地区等重点区域水土流失防护和治理。在水土流失严重区域开展以小流域为单元的山水田林路综合治理，实施清洁小流域建设，加强坡耕地、侵蚀沟及崩岗综合整治。建立健全水土保持监管体系，强化水土保持动态监测，提高水土保持信息化水平和综合监管能力。

（五）加强地下水保护和超采区综合治理

严格地下水水量和水位双控制，强化地下水资源开发利用管理。通过加强农业、工业等各领域节水，优化城镇发展和产业布局，实行有利于地下水限采的水价政策，采取划定限采禁采范围、水源置换、休耕、试行退地减水等措施，对地下水超采较严重的京津冀晋等地区开展地下水超采区治理与修复，压减地下水超采量，逐步实现地下水采补平衡。进一步加强地下水保护和涵养，提高地下水战略储备能力。加快国家地下水监测工程建设，完善地下水监控体系，建立国家地下水管理信息系统。

（六）推进重点流域水污染防治

全面实施水污染防治行动计划，到2020年，长江、黄河、珠江、松花江、淮河、海河、辽河等七大重点流域水质优良（达到或优于Ⅲ类）比例总体达到70%以上。全面控制污染物排放，狠抓工业污染防治，实施重点行业清洁生产水平提升工程，推广清洁生产先进适用技术，实施清洁化改造。强化城镇生活污染治理，实现城镇生活污水、垃圾处理设施全覆盖和稳定达标运行，县城、城市污水处理率分别达到85%、95%。推进农业农村污染防治，在全国梯次推进农村生活污水治理，重点整治水源保护区畜禽养殖、围网养殖，控制农业面源污染，在大中型灌区和生态环境敏感区域，通过建设生态沟渠、污水净化塘、地表径流集蓄等设施，净化农田排水和地表径流。完善突发水污染事件应急预案，提高突发水污染事件应急处置能力。

九、优化流域区域水利发展布局

围绕国家区域发展总体战略，统筹流域和区域水利改革发展，明确发展重点，着力解决突出水问题，为塑造要素有序自由流动、主体功能约束有效、基本公共服务均等、资源环境可承载的区域协调发展新格局提供水利支撑和保障。

（一）加强重要流域治理开发与保护

长江流域。以三峡工程建成后长江中下游河势控制、洞庭湖鄱阳湖综合整治、蓄滞洪区建设为重点，加强防洪薄弱环节建设，优化调整长江中下游分蓄洪区；以滇中引水、鄂北水资源配置等工程为重点，完善流域水资源调配格局；把保护水生态环境放在更加突出的位置，加强流域生态系统修复和综合治理，强化长江水生生物多样性保护，构建绿色生态廊道；统筹防洪、供水、灌溉、生态、航运、发电等调度需求，协调水库群蓄泄时机与方式，实施长江三峡及上中游干支流控制性水库群联合调度；强化南水北调等重点水源地保护，确保水源地水质安全。

黄河流域。加快推进古贤水利枢纽等工程建设，深化黑山峡河段开发方案前期论证，进一步完善水沙调控体系；加大节水力度，强化流域水资源统一调度和用水管理，加快引汉济渭等工程建设，优化水资源配置格局；加强水土保持生态工程建设，推进黄河粗泥沙集中来源区水土流失治理，减少入黄泥沙；加强黄河下游及滩区治理，完成下游标准化堤防建设。

淮河流域。加快出山店水库、前坪水库、行蓄洪区调整与建设等在建工程建设；加快淮河入海水道二期、引江济淮等工程前期工作，完善水资源配置格局；以淮河干流、南水北调东线输水干线及城镇供水水源地为重点，加强水资源保护与水污染防治。

海河流域。全面推进节水型社会建设，构建多源联调的水资源配置体系，加强京津冀“六河五湖”综合治理和生态修复，多措并举推进地下水超采区治理与修复，完善中下游防洪减灾体系，着力解决水资源短缺、水生态恶化、地下水超采等突出问题。

珠江流域。加快推进大藤峡、西江干流治理等骨干工程建设，不断完善流域防洪减灾体系；加快珠江三角洲水资源配置等工程前期工作，进一步优化水资源配置格局；深入推进重点水生态保护与修复工程建设，建设绿色珠江，打造流域水生态文明建设典范。

松辽流域。以发展现代化高效节水农业为重点，加快灌区续建配套与节水改造，优化配置流域水资源，合理开发利用地下水；继续开展黑龙江、松花江等重要河段和重要支流治理，加快蓄滞洪区安全建设，着力解决水利基础设施建设滞后、供水保障能力不足等问题。

太湖流域。推进太湖流域水环境综合治理，进一步完善利用太湖调蓄、北向长江引排、东出黄浦江供排、南排杭州湾的流域综合治理格局；加强水资源保护和水生态修复，积极推进重点水源工程建设，全面实现城乡供水一体化；着力解决水污染严重、生态环境恶化、防洪减灾和水资源调配能力不足等突出问题，加快推进智慧太湖建设，率先实现水利现代化。

（二）强化“三大战略”实施的水利支撑

“一带一路”。围绕丝绸之路经济带和21世纪海上丝绸之路建设总体战略部署，以改善提升水利基础设施、加强水生态环境保护与修复为重点，深化与周边国家跨界水合作，充分发挥我国在水利规划、勘测设计、施工、科技等方面的优势，实施水利“走出去”战略，加强水利双边多边合作。在水资源开发利用方面，加快建设一批江河治理、重点水源等工程，保障区域防洪、供水安全。在生态建设方面，加大西部地区水生态保护与修复，合理开发和有效保护地下水，构建生态安全屏障。

京津冀协同发展。根据京津冀协同发展战略总体部署，强化水资源水环境承载能力刚性约束，推进水资源优化配置，加强河湖水系综合整治和水生态环境保护修复，构建现代水安全保障体系，在全国率先全面建成节水型社会。加快实施灌区节水改造，大力推广高效节水灌溉技术，压缩高耗水作物面积。制定严格的产业准入、退出政策，禁止发展新增高耗水产业项目，重点压减淘汰高耗水行业落后产能。大力推进海水淡化和直接利用，持续增加再生水、微咸水等非常规水资源利用量。加快配套工程建设和水源置换进度，充分发挥南水北调工程效益。推进地下水超采区综合治理，实施南水北调受水区地下水压采方案。加强密云、潘家口、大黑汀、于桥等重要水库水资源保护，推进永定河等绿色生态河流廊道建设，实施湖泊湿地生态保护与修复。加快制定跨省河流水量分配方案，进一步明晰三省市水权，建立水权交易平台。建立京津冀水资源协调联动机制。

长江经济带。坚持生态优先、绿色发展，把保护和修复长江生态环境摆在首要位置，共抓大保护，不搞大开发。协调处理好江河湖泊、上中下游、干流支流等关系，保护和改善流域生态服务功能。加强饮用水水源地保护，优化沿江取水口和排污口布局，建设沿江河湖水资源保护带、生态隔离带等绿色生态廊道，加强水土流失治理，增强水源涵养和水土保持能力。加强流域水资源统一管理和调度，深入开展长江流域控制性工程联合调度。加强干支流河道及中下游崩岸重点治理，尽快完成长江干堤重点薄弱环节和连江支堤达标建设，实施长江口综合治理，推进三峡库区防洪护岸和重要蓄滞洪区建设，加强城市防洪排涝体系建设，强化中小河流治理和山洪灾害防治。充分发挥流域机构在保护长江生态环境中的作用，加强省界断面水质监测与考核，强化流域水资源统一管理和调度。统筹规划和集约利用长江岸线资源，科学划分岸线功能区，强化保护区和保留区岸线保护力度，严厉打击河道和湖泊非法采砂。

（三）着力推进水利扶贫攻坚

加强贫困地区水利基础设施建设，在集中连片特困地区规划实施一批重点水利骨干工程。滇西边境山区、滇桂黔石漠化区、乌蒙山区、武陵山区等西南贫困区，重点加强水资源配置和水源工程建设，加强灌区和农村“五小水利”工程建设，加快中小河流治理和石漠化水土流失防治；燕山—太行山区、吕梁山区、六盘山区、大兴安岭南麓等北方贫困区，重点加强灌区节水改造与水生态修复，加强水土流失治理，改善和修复生态环境；大别山、秦巴山、罗霄山等中部贫困区，重点开展防洪、供水工程建设，改善贫困群众生活生产条件。加快推进南疆农业节水、山区水库、生态治理与保护等工程建设。统筹推进西藏民生水利建设，着力实施一批重大水利工程。加强四省藏区重点水源和高效节水灌溉、牧区水利、农村水电等工程建设。

按照“六个精准”的要求，瞄准贫困村、贫困户水利需求，健全完善水利精准扶贫机制。针对供水问题突出的贫困村镇，加快水源工程建设，实施农村饮水安全巩固提升工程，提升当地饮水安全保障水平；对于灌溉设施滞后的贫困地区，要重点支持灌区建设、节水灌溉、“五小水利”和小型农田水利建设；针对水旱及山洪灾害频发的贫困地区，统筹加快防汛抗旱工程措施和非工程措施建设，重点加强中小河流治理、山洪灾害防治和抗旱水源工程建设；对于水土流失严重、生态脆弱的贫困地区，加强水生态保护与修复，深入开展坡耕地综合治理等水土保持建设；对于水能资源丰富的贫困地区，积极推进小水电扶贫工程和农村水电增效扩容改造，试行给原住居民集体股权方式进行补偿。

十、全面强化依法治水、科技兴水

适应水利建设、改革和管理需要，全面加强水利法治建设，加快水行政管理职能转变，强化涉水事务社会管理，切实提高依法治水管水能力。

（一）全面加强水法治建设

推进重点领域立法。完善水法规体系，加快出台《节约用水条例》《地下水管理条例》，推进河道采砂、流域管理、农村饮水安全保障、水权交易管理、农村水电等重点领域立法，开展《水法》《防洪法》修订前期研究。着力推动大中型水利水电工程建设征地补偿和移民安置、河道管理、水库大坝安全管理等法规修订工作。建立健全公开征求意见、专家咨询、立法后评估等制度，提高水利立法质量。

加强水行政综合执法。全面推进水行政综合执法，集中水行政执法职权，下移执法重心，加强基层专职水政监察队伍建设，充实基层执法力量。健全水政监察人员持证上岗和资格管理制度。全面落实执法责任制。推进执法能力和信息化建设，落实执法经费保障，实施遥感遥测工程，建设视频监控、巡查办案、统计监督等执法信息平台。完善行政执法程序，健全执法裁量基准制度，建立执法全过程记录制度和重大处罚决定合法性审查机制。加大日常执法巡查和现场执法力度，严厉打击和依法惩处水事违法行为。

有效化解水事矛盾纠纷和涉水行政争议。坚持预防为主、预防与调处相结合的原则，完善属地为主、条块结合的水事矛盾纠纷预防调处机制。加强源头控制和隐患排查化解，建立跨行政区域水事活动协商制度，加大重大水事纠纷调解力度，维护社会和谐稳定。健全水利行政复议案件审理机制，坚决纠正违法或不当行政行为，努力化解涉水行政争议，提高政府公信力。

全面加强水利依法行政。推行政府水管理权力责任清单制度。持续推进简政放权、放管结合、优化服务，进一步精简涉水审批事项和审批程序，加强事中事后监管。健全水利依法决策机制，严格执行公众参与、专家论证、风险评估、合法性审查和集体讨论决定的水利重大决策法定程序，建立水利重大决策终身责任追究制度和责任倒查机制。依法推进水利政务公开，强化对水行政权力的制约和监督。减少水利资质资格认定，适合行业组织承担的由其自律管理。

（二）切实加强涉水事务管理

加强河湖水域管理与保护。加强规划对河湖管理的指导和约束，落实河湖水域空间用途管制，明确河湖利用和保护要求，严格分区管理。开展河湖管理范围划定工作，创新河湖管护体制机制，落实河湖管护主体、责任和经费，推行河长制等管理机制。研究建立岸线资源占用补偿和有偿使用制度。强化涉河建设项目和活动监管。

加强防汛抗旱应急管理。全面落实防汛抗旱地方行政首长负责制，建立防汛抗旱责任追究制度。完善防汛抗旱物资储备制度。编制完善主要江河防御洪水方案和洪水调度方案，以及重点防洪区域洪水风险图，明确洪水风险管理目标并强化相应措施，完善防洪抗旱预案。做好洪泛区、蓄滞洪区内非防洪建设项目的洪水影响评价工作。抓紧制定江河湖库旱警水位（流量）及地下水旱警水位。强化汛旱灾情预测预报，健全预警发布服务体系。

加强水利建设市场监管。加强水利建设项目全过程质量管理，完善质量管理制度和质量标准体系，健全水利工程质量责任体系，强化政府质量监督，严格水利建设质量工作考核，实行工程质量终身责任追究制。严格落实水利工程建设安全生产管理规定，执行安全设施与主体工程同时设计、同时施工、同时投入生产使用的制度。加快水利建设市场信用体系建设，建立水利建设市场守信激励失信惩戒机制。

（三）强化水利科技创新

完善水利科技创新体系。按照国家科技改革的部署和要求，加快构建布局合理、功能完备、运转高效、支撑有力的水利科技创新体系。围绕保障国家水安全，实施一批水利重大科技项目，重点在水资源节约利用、水生态保护与修复、重大水工程、水灾害防治与风险管理、应对气候变化等方面，深入开展水利科学研究，加强综合节水与非常规水资源利用、水循环信息精准监测与预报技术、水资源系统多目标智能化调度、水旱灾害防治与风险管理、复杂条件下大型水工程建设与安全运行、河湖综合整治与水沙调控等关键技术攻关。加强先进实用技术示范和应用，推进水工产品和装备科技创新。积极组建水利国家实验室和工程技术研究中心。引导构建水利产业技术创新联盟，推动跨领域跨行业协同创新，加强水利科技资源平台共享。完善水利技术标准体系，加强水利技术监督工作。

加强水文监测服务能力建设。充实调整各类水文测站，优化完善水文站网布局和功能，加强水土保持监测网络、重要水功能区和主要省界断面水质水量监测体系建设。加强水文监测中心建设，提高水文技术装备整体水平，提升水文巡测、水质分析和水文信息处理服务能力，建立手段先进、准确及时的水资源、水环境、水生态以及城市水文监测体系。丰富水文信息产品，建设国家水文数据库，促进水文信息共享和应用，提升水文信息服务的能力和水平。

推进水利信息化建设。结合网络强国战略、“互联网+”行动计划、国家大数据战略等，全面提升水利信息化水平，以水利信息化带动水利现代化。完成水资源监控管理系统建设，建立覆盖城镇和规模以上工业用水户、大中型灌区的取水计量设施和在线实时监测体系。加快推进国家防汛抗旱指挥系统、山洪灾害监测预警系统、大型水库大坝安全监测监督平台、覆盖大中小微水利工程的管理信息系统和水利数据中心等应用系统建设，提高水利综合决策和管理能力。大力推进水利信息化资源整合与共享，建立国家水信息基础平台，提升水利信息的社会服务水平。加强水利信息网络安全建设，构建安全可控的水利网络与信息安全体系。

十一、环境影响评价

《国民经济和社会发展第十三个五年规划纲要》（以下简称《纲要》）对节水型社会建设、加强水利基础设施网络建设、水生态保护与修复等方面提出了明确要求，《规划》按照《纲要》的要求，从目标指标、重点任务、工程项目和政策措施等方面作了进一步统筹谋划和布局，细化相关工作措施，各项任务指标均与《纲要》保持一致。用水总量控制、水资源利用效率、水生态环境保护等方面的具体目标指标和相关任务已与国务院出台的实行最严格水资源管理制度、水污染防治行动计划等进行了衔接。列入《规划》的重大工程项目符合已批复的七大流域综合规划、水资源综合规划、流域防洪规划等规划和流域治理、开发、保护总体要求。

“十三五”水利建设任务主要包括重大水利工程、农村水利、水生态治理与保护等。《规划》实施后，可进一步完善水利基础设施网络，提高水资源配置利用和水土资源保护修复能力。

重大水利工程建设可以进一步完善水利基础设施网络，增强水安全保障能力。基本完成重大农业节水工程建设，将初步建成与水土资源条件、现代农业发展要求相适应的节水灌溉体系。科学实施一批重大引调水工程建设，将为提高区域水资源配置能力、促进区域协调发展打下基础。基本完成重点水源工程建设，可有效提高城乡供水安全保障程度和抗旱应急能力。加快江河湖泊治理骨干工程建设，实施重要河流支流和中小河流治理、病险水闸水库除险加固，不断推进海堤达标建设、山洪灾害防治工程建设和城市防洪排涝工程建设，将全面提升大江大河、重要支流和区域的防洪减灾能力，有力保障重点地区防洪安全和人民群众生命财产安全。完成一批新建大型灌区建设，将进一步提高重点地区粮食产能和农业综合生产能力，有效保障国家粮食安全。通过《规划》的实施，预计可新增供水能力 270 亿立方米，新增农田有效灌溉面积 3000 万亩，发展高效节水灌溉面积 1 亿亩，主要海堤达到国家规范设定的标准，经治理的中小河流重要河段防洪标准达到 10～20 年一遇，进一步提升水利基础设施保障水平，增强我国水安全保障能力。

农村水利设施工程建设可以巩固提升农村饮水保障程度，完善农村水利基础设施体系，改善农村水生态环境质量，推动城镇供水设施向农村延伸。实施农村饮水巩固提升工程，将进一步改善农村供水条件，提高农村饮水水源稳定性，改善供水水质，提升农村供水安全监管水平。加强农田水利建设，打通农田水利“最后一公里”，将为构建系统完善的农田水利基础设施体系打下基础。推进抗旱水源建设，可进一步有力提升区域抗旱应急供水能力。加快农村小水电建设，探索形成水能资源开发新模式、管理新途径，将有效改善边远地区农村用电条件。推进农村河塘整治，将为提高农村地区水源调配能力、防灾减灾能力、河湖保护能力，改善农村生活环境和河流生态奠定基础。通过《规划》的实施，预计农村自来水普及率可达到80%以上，农村集中式供水工程供水率达到85%以上，新增小水电装机容量500万千瓦，不断提升农业现代化和农村居民生活水平。

水生态治理与保护工程可以有力改善河湖生态健康，推进水土流失治理。加强水资源保护，有效控制入河湖污染物排放，强化饮用水水源地管理，将有效改善水环境质量，促进保障饮水安全。推进水土保持生态建设，将有效控制和减少重点防治地区水土流失。加强重点河湖生态环境治理保护，强化地下水超采区综合治理，将有效改善河湖生态环境，遏制地下水超采局面。通过《规划》的实施，全国重要江河湖泊水功能区水质达标率将提高到80%以上，新增水土流失综合治理面积27万平方公里，地下水严重超采区超采量将得到有效退减，水生态系统健康和水生态环境质量将得到进一步改善。

"十三五"时期是重大工程建设的关键时期，水利工程建设可能对局部带来一些不利环境影响。重大水利工程建设将在一定程度上改变陆域水循环过程、河湖水文情势及水生态环境；工程蓄水可能产生滑坡塌岸，诱发水库地震，并可能对自然景观和文物、水生生物栖息繁衍环境、生物多样性等产生影响。同时，部分水库建设淹没损失较大，占地移民问题复杂，可能引发一些社会问题。农业节水工程建成运行后，减少了沿程和田间的渗漏，可能对输水渠道沿途的植物生长和地下水补给带来不利影响，特别是干旱半干旱地区灌区地下水补给量的减少，会对灌区植物生长带来不利影响；灌区退水的减少，可能对灌区盐分平衡带来一定的影响。灌区扩建和取水可能导致河流和地下水循环状况的改变，产生土壤潜育化和次生盐碱化，并对河道生态环境造成一定的不利影响。

为此，要高度重视水利工程建设的不利环境影响，依法加强相关规划和建设项目的环境影响评价等工程前期工作，强化相应的生态环境保护措施，并根据生态环境对规划实施的响应及时优化调整实施方式，强化对工程规划、设计、建设、管理全过程的监管，最大程度地减免规划实施的不利环境影响。

一是坚持节约和绿色发展。加强流域和区域用水总量控制，减少对水资源的过度消耗，逐步退还挤占的河道内生态环境用水和超采的地下水。水资源配置要保障河流的基本生态环境用水要求，维护河流合理流量，维持湖库和地下水的合理水位。水资源开发要高度重视对河流生态环境和地下水系统的保护。水资源利用要按照减量化、再利用、资源化的原则，加快建立全社会的水资源高效循环利用体系，提高水资源的利用效率和效益，推进水资源可持续利用，努力形成节约水资源和保护水环境的产业结构、增长方式和消费模式，促进保护生态环境。

二是坚持用法律和制度保护水生态环境。认真落实工程建设项目环境影响评价制度和各项环境保护措施，严格执行“三同时”管理制度。在水利工程前期论证中，要深入分析工程建设可能对自然保护区、重要湿地等生态敏感保护目标的影响，采取必要措施保护水生生物资源、重要景观和历史文化遗产等。坚决避免中小河流治理中束窄河道、减少行洪断面，以及河流渠道化的倾向，尽量保持河道自然形态，提倡采用生态型河道治理措施，注意与城市景观、生态环境的协调。在保护生态环境的前提下适度有序发展小水电，严格工程建设管理和环境监管，在保障生态基流的基础上维护河流生态系统结构和功能。依法加强相关专项规划环境影响评价工作，提高规划的科学性，努力从源头预防环境污染和生态破坏。

三是妥善做好移民安置工作。坚持节约集约用地，切实做好工程征地补偿、搬迁安置和水库移民后期扶持工作，确保被征地居民生活水平逐步提高，保障其合法权益，维护社会稳定。农村移民集中安置的农村居民点、城（集）镇、工矿企业以及专项设施等基础设施的迁建或者复建选址，应当依法做好环境影响评价、水文地质与工程地质勘察、地质灾害防治和地质灾害危险性评估。

四是加强对规划实施的监测评估和管理。加强对规划实施后可能影响的重要生态环境敏感区和重要目标的监测与保护，及时掌握环境变化情况，采取相应的对策措施。对直接影响重要生态环境敏感区域和重要目标的规划和项目，应优化调整规划项目布局和选址，严格依法落实保护要求。加强规划实施的环境风险评价与管理，针对可能发生的重大环境风险问题，制定突发环境事件的风险应急管理措施。

五是优化工程设计，减缓对生态环境的不利影响。要优化工程设计，落实各项环境保护措施，减缓和控制水利工程建设可能产生的不利影响。水库工程要明确最小生态流量目标和调度要求，满足下游生态环境保护要求；通过加强治污、截污措施保护库区水源地水质安全；通过采取适宜的鱼类保护措施等，保护珍稀鱼类等重要生态保护目标。引调水工程要满足“三先三后”的要求，严格落实对调出区和调水沿线的各项保护措施；优化工程线路，避免或减缓工程建设对敏感保护目标的影响。河道整治工程要在确保防洪安全的基础上，充分考虑水生态环境保护和修复的需要，采取生态友好型的工程方案、材料和施工工艺。灌区工程要加强农业节水和面源污染控制，对退水采取生态净化处理等措施，减轻退水对受纳河流的不利影响。

十二、保障措施

（一）加强组织领导

强化地方各级政府的水利工作责任，切实加强对水利工作的组织领导，把水利改革发展纳入重要议事日程，形成逐级落实推动的工作格局。地方各级发展改革、水行政、住房城乡建设主管部门要切实增强责任意识，认真履行职责，具体抓好水利改革发展各项任务的落实工作。国家有关部门要各司其职，密切协作配合，形成工作合力，同时加强对地方工作的指导和支持，推动落实好《规划》各项任务。

（二）落实目标责任

各地要根据国家“十三五”水利改革发展总体部署和要求，结合本地实际，组织编制好区域水利改革发展规划，把《规划》确定的主要目标、重点任务、重大举措进一步细化落实到相关部门和地区，明确分工，精心组织，加强协调，强化政策支撑，增强要素保障，严格落实防汛抗旱、饮水安全保障、水资源管理、水库安全管理等行政首长负责制，切实做好组织实施工作。健全完善《规划》实施机制，加强对《规划》确定的水利改革发展主要目标指标完成情况的考核监督，适时开展《规划》执行情况总结评估，分析实施效果，及时研究解决问题。

（三）深化前期工作

《规划》所列项目，是“十三五”期间选择建设项目的控制范围和审批、核准项目建设的前提条件，不是必须完成的约束性任务。要认真履行建设程序，逐项扎实做好各项目前期工作，妥善解决好工程建设中的生态环境保护、移民征地、区域水量分配、利益协调等问题，合理确定建设方案，加强项目储备，科学有序实施。项目单位和项目所属地方政府要保证前期工作经费投入，建立项目前期工作责任制，严格执行工程建设有关强制性标准和规程规范，确保项目前期工作质量和深度。继续推进简政放权、放管结合、优化服务，加快项目审批核准进度，明确标准，规范流程，强化监管，提高效率。对建设条件、移民占地、用水总量指标、生态环境影响以及省际矛盾等方面存在较多问题，经论证协调仍难以有效解决的项目，不得审批和建设。

（四）提高质量效益

切实落实水利工程质量管理和安全生产责任，加强项目实施全过程监管和社会监督，确保工程建设质量和效益。大力提升水利工程的文化内涵和品位，体现先进设计理念，展示建筑美学，营造水利景观，加强文化传承。鼓励各地特别是基层在水行政审批、水利工程建设和管理、水价水权水市场改革、基层水利服务体系建设等重要领域和关键环节大胆探索，勇于创新，及时总结有效做法和成功经验，加大推广力度，发挥典型示范带动作用。

（五）凝聚社会力量

加大国情水情宣传教育力度，把水情教育纳入国民素质教育体系、中小学教育课程体系，作为各级领导干部和公务员教育培训的重要内容。持久开展水利法治宣传教育，提高全社会的水忧患和亲水、护水意识，凝聚社会共识，激发发展热情，为水利又好又快发展营造良好的社会环境。加强水利人才、队伍和能力建设，构建完善的基层水利专业化服务体系。积极引导全社会参与规划实施和水利建设管理，形成治水兴水合力。

适应新常态　落实新理念
全面加快“十三五”水利改革发展

陈　雷

党的十八大以来，习近平总书记多次就治水发表重要讲话、作出重要指示，精辟阐述了治水兴水的重大意义，深入剖析了我国水安全新老问题交织的严峻形势，明确提出了“节水优先、空间均衡、系统治理、两手发力”的新时期水利工作方针，形成了治水兴水管水的重要战略思想，为我们做好水利工作提供了有力思想武器和科学行动指南。

在党中央、国务院的坚强领导下，在全国各级水利部门的共同努力下，治水兴水高潮迭起，节水护水持续加力，圆满完成了“十二五”水利规划目标任务。“十三五”时期是我国全面建成小康社会的决胜阶段，是加快完善水利基础设施网络、全面深化水利改革、有效破解新老水问题、构建国家水安全保障体系、加快推进水利现代化进程的关键时期。要立足国情水情，紧扣国计民生，着眼发展需要，按照中央关于保障水安全和加快水利改革发展的总体部署，进一步深化水利改革，加快水利发展，着力构建适应时代发展要求和人民群众期待的水安全保障体系。

一、适应新形势把握新要求，深入贯彻落实中央兴水惠民决策部署

党的十八大以来，以习近平同志为核心的党中央，提出了一系列治国理政新理念新思想新战略，及时作出经济发展进入新常态的重大判断，形成以新发展理念为指导，以供给侧结构性改革为主线的政策框架，开辟了中国特色社会主义新实践新局面新境界。要深入学习领会，着力抓好贯彻落实，特别是要以习近平总书记系列重要讲话精神为引领，丰富完善治水兴水管水思路。

第一，贯彻创新协调绿色开放共享新发展理念，着力转变水利发展方式。坚持创新发展、协调发展、绿色发展、开放发展、共享发展，是我国发展理论的又一次重大创新，是关系我国发展全局的一场深刻变革。要把贯彻落实新发展理念与贯彻落实中央新时期水利工作方针有机结合起来，加快推动水利发展方式转变。要牢固树立以人民为中心的发展思想，坚持把增进人民福祉、保障改善民生作为水利工作的出发点和落脚点，不断增强水利公共产品供给能力，着力提升人民群众的获得感。要牢牢把握生态优先、绿色发展的战略定位，坚持把水资源和水环境承载能力作为刚性约束，以水定产、以水定城，因水制宜、量水而行，更加重视节水护水管水，保障水资源可持续利用，维护河湖健康生命。要准确把握统筹兼顾、系统治理的思维方法，坚持把山水林田湖作为一个生命共同体，协调解决水资源、水生态、水环境、水灾害问题，着力提升水安全保障能力。要充

分发挥创新这一引领发展的首要动力，坚持用改革创新精神谋划水利发展这篇大文章，加快完善水利发展体制机制，加快培育水利发展新动能，加快推进信息技术与水利融合发展，以改革推动和创新驱动，带动水治理体系和治理能力现代化。

第二，围绕深化供给侧结构性改革，着力增强水利公共产品供给能力。推进供给侧结构性改革，是调整经济结构、转变经济发展方式的治本良方。水利既是供给侧结构性改革的重要内容，也是扩大有效投资的关键领域。从供给侧结构性改革任务看，深入推进“三去一降一补”和农业供给侧结构性改革，着力振兴实体经济，优化区域发展格局，推进新型城镇化，加快推进关键性改革，都与水利息息相关，都需要发挥水资源的引导约束功能和水利的支撑保障作用。从扩大有效投资需求看，增加水利投资当前能拉动需求、长远能改善供给，具有很强的乘数效应、结构效应，是激活有效需求的重要措施。从中央政策举措看，中央经济工作会议和中央农村工作会议都把水利列为补短板的重要领域，并从国家投资上给予重点倾斜和支持，国务院已就重大水利工程和灾后水利薄弱环节建设作出安排部署。要围绕深化供给侧结构性改革，在补短板、破瓶颈、夯基础、增后劲上狠下功夫，既补硬短板也补软短板，既补发展短板也补制度短板，不断提高水安全保障水平。

第三，适应农业由总量不足转变为结构性矛盾的阶段性变化，着力实施农业节水工程。当前，我国农业农村发展已进入新的历史阶段。中央农村工作会议提出，要深入推进农业供给侧结构性改革，加快培育农业农村发展新动能，开创农业现代化建设新局面。水利是农业的命脉。目前，农业生产的水利根基还不稳固，农业用水总量不足与效率不高并存，农业节水还有很大潜力。推进农业供给侧结构性调整，必须加快补齐农田水利短板特别是农业节水这个突出短板，把农业节水作为方向性、战略性大事来抓，加快完善农业节水政策支持体系、农业节水技术和产品标准体系、农业节水激励机制，在东北粮食主产区、西北水资源紧缺地区、华北地下水超采区、南方水生态保护地区和农业规模化种植区，建设一批重大节水灌溉工程，规划实施一批现代灌区建设，着力解决农业用水粗放和缺水问题，进一步提升农田水利设施保障能力。

第四，把握生态文明建设战略部署，着力强化水资源节约保护和严格管理。走向生态文明新时代，建设美丽中国，是实现中华民族伟大复兴中国梦的重要内容。我国基本水情特殊、水资源供需矛盾突出、水生态环境容量有限。当前，水安全领域新老问题相互交织，水资源短缺、水环境污染、水生态损害等新问题愈加凸显。要全面贯彻落实生态文明建设理念和要求，严守水资源水环境水生态红线，加强江河湖库系统治理和保护修复，统筹推进水资源全面节约、合理开发、高效利用、综合治理、优化配置、有效保护和科学管理，推动全社会走上生产发展、生活富裕、生态良好的文明发展道路。

第五，落实全面深化改革目标任务，着力激发水利发展生机和活力。当前和今后一个时期，是全面深化改革的高峰期，是落实改革任务的攻坚期，也是深化水利改革的关键期。水利工作要按照全面深化改革的要求，坚持把改革理念融入工作之中，把改革目标任务与发展目标任务一同研究谋划，把改革方面的制度建设与加快水利建设的政策举措同步安排部署。要进一步转变政府职能，深入推进“放管服”改革，切实提高事中事后监管的针对性和有效性。要着力落实好全面推行河长制各项任务，加快推进农业水价、水利投融资、水权交易等重大改革，抓好水流产权确权、鼓励社会资本参与重大水利工程建设运营等改革试点工作。通过深化水利改革，加快构建充满活力、富有效率、创新引领、法治保障的水利体制机制，不断推进水治理体系和治理能力现代化。

二、补齐补强水利建设短板，加快完善水利基础设施网络

经过多年努力，我国水利基础设施建设取得巨大成就，但水资源供需矛盾依然突出，江河整体防洪能力仍需提高，区域水利发展还不平衡。“十三五”期间，要紧紧围绕保障国家水安全这条主线，以节水供水重大水利工程和灾后水利薄弱环节建设为重点，集中力量补齐补强短板，加快完善水利基础设施网络，为经济社会持续健康发展提供更加有力的水利支撑和保障。

第一，完善江河综合防洪减灾体系。在加快推进江

河湖泊治理骨干工程建设的同时，要进一步加强防洪薄弱环节建设，健全完善综合防洪减灾体系。一是加强江河湖泊治理骨干工程建设。长江流域要针对三峡工程蓄水运用后出现的江湖关系变化，集中力量加强中下游干流河势控制和崩岸治理，统筹推进洞庭湖鄱阳湖综合整治和“四水”“五河”等主要支流治理，加强蓄滞洪区建设，进一步提高长江流域防洪保安能力；黄河流域要针对水少沙多、水沙关系不协调和近年来黄河水沙新变化，加快实施黄河下游、宁蒙河段治理，推进下游滩区治理和居民迁建，抓紧做好黄河古贤等流域控制性工程前期论证工作，进一步完善水沙调控体系；淮河流域要针对下游洪水出路不足、中游排水不畅的问题，加快推进上游水库、中游行蓄洪区调整和下游入海通道工程建设，着力提高流域洪水蓄泄能力；海河流域要按照流域防洪规划确定的防洪标准，推进蓄滞洪区建设与调整，加强重要河道治理，加快完善防洪减灾工程体系；珠江流域要加快西江大藤峡水利枢纽建设，实施西江干流河道治理，进一步加快江海堤防达标建设，提高流域防洪安全保障能力；松辽流域要全面完成东北三江防洪治理任务，加快蓄滞洪区安全建设，整体提高东北地区防洪排涝能力；太湖流域要以增加太湖洪水出路为重点，加快推进太浦河后续工程、望虞河拓浚工程、吴淞江扩大行洪能力、环湖大堤达标工程建设，进一步完善流域防洪治理格局。各流域要把防洪工程建设与水生态治理紧密结合起来，与水资源保护紧密结合起来，与流域管理调度紧密结合起来，大力推进流域水生态文明建设，在构筑流域防洪安全屏障的同时，构建流域绿色生态屏障。二是加快灾后水利薄弱环节建设。要按照国务院常务会议审议通过的《关于灾后水利薄弱环节和城市排水防涝补短板行动方案》，突出抓好中小河流治理、小型病险水库除险加固、重点区域排涝能力建设、农村基层防汛预报预警体系等重点薄弱环节建设。灾后水利薄弱环节建设要统筹考虑防洪、排涝与供水、水生态环境保护，坚持流域与区域治理相结合、工程措施和非工程措施并重，处理好干支流、上下游、左右岸，以及防洪与河湖生态保护等关系。继续实施山洪灾害防治，推进重点海堤达标建设。三是提高城市防洪排涝能力。针对近年来城市“看海”的突出问题，加强河湖水域岸线空间用途管制，防止城市发展侵占河湖、堵塞河道、挤占排涝空间、影响雨洪调蓄，给洪水以出路。加强城市防洪排涝体系建设，加快城镇雨污分流管网改造与排水防涝设施建设，提高防洪排涝应急能力，着力解决城市积水内涝问题。积极推进海绵城市建设，增强城市防洪排涝减灾能力。

第二，不断优化水资源配置格局。随着工业化、城镇化和农业现代化快速发展，对供水保障的需求不断提高，今后相当长时间内，水资源供需矛盾仍然突出。要适应经济发展新常态，坚持生态优先、绿色发展，进一步优化水资源配置格局。一是提高重点区域水资源配置能力。充分发挥现有水资源配置工程作用，根据水资源承载能力和用水需求，加快重点水源工程建设，保障生态环境用水，缓解工业化、城镇化快速发展带来的供水压力，提高应对特大旱灾能力。二是完善流域水资源配置体系。贯彻节水优先方针，在确保生态安全的前提下，科学论证、稳步推进重大引调水工程和江河湖库水系连通骨干工程，统筹加强中小水利设施建设，加快构筑多水源互联互调、多功能安全可靠的城乡区域用水保障体系。三是完善城市供水结构。科学配置、严格管理、节约利用城市水资源，提高城市水资源利用效率和效益。鼓励非常规水源利用，加大雨洪资源、再生水和海水等开发利用力度。加快城市应急备用水源建设，提高城市供水安全保障能力。

第三，进一步夯实农田水利基础。深入贯彻落实“藏粮于地、藏粮于技”战略，紧紧围绕农业供给侧结构性改革，大规模推进农田水利建设，进一步提高粮食生产水利保障能力。一是巩固提升现有灌溉面积。把大中型灌区配套改造作为巩固提升现有灌溉面积的重要抓手，完成纳入规划的434处大型灌区和251处大型泵站改造任务，加快大中型灌区现代化改造，完善灌排工程体系，打通“最后一公里”，提高灌溉保证率和农田排涝能力。加强中小型农田水利设施建设，扩大旱涝保收农田面积。二是大力发展高效节水灌溉。全面开展规模化高效节水灌溉行动，以东北节水增粮、西北节水增效、华北节水压采、南方节水减排为重点，突出抓好粮食主产区、生态环境脆弱区、水资源开发过度区等重点地区高效节水灌溉工程建设。三是加快建设一批现代化大型灌区。结合新增千亿斤粮食生产能力规划实施和大中型水库建设，在水土资源条件相对较好、适合发展灌溉的地区，规划建设一批现代化大型灌区，提高粮食产能和农业综合生产能力。

三、深化水利重点领域改革，着力推进水治理体系和能力现代化

实践无止境，改革正当时。要坚决贯彻中央关于全面深化改革的部署要求，不断把水利改革推向深入。

第一，深入推进重点领域水利改革。总体上看，水利改革要聚焦两大重点方向，一方面，要创新体制机制，通过完善农业水价、水权水市场、水利工程产权、水利投融资等体制机制，激发市场活力，充分发挥市场在资源配置中的决定性作用；另一方面，要强化社会治理，落实好最严格水资源管理、河湖管理保护、水利工程建设和管理等制度，提高水利公共管理服务水平，更好地发挥政府作用。我部制定出台了一系列水利改革政策措施，关键是加大落实力度，确保各项改革举措取得实效。在全面推行河长制方面，各地要按照中办、国办《意见》要求，把河长制作为深化水利改革的重中之重，抓紧制定细化工作方案，建立完善工作机制，加快建立以党政领导负责制为核心，以水域岸线管控、节水治污控源和生态保护修复为重点，覆盖省市县乡四级的河长体系，推动河湖管理再上新台阶。在创新水利投融资机制方面，各地要积极利用当前水利投资的良好政策环境，多渠道筹集水利建设资金。要加大公共财政资金投入力度，充分发挥财政资金引导撬动和聚集放大作用。要用足用好过桥贷款、抵押补充贷款、专项建设基金等

金融支持水利政策。充分发挥地方水利投融资平台的作用，探索设立水利投资基金等新型融资模式，扩大直接融资规模。积极创新政府与社会资本合作机制，完善投资补助、财政补贴、贷款贴息、收益分配、价格支持等优惠政策，鼓励和引导社会资本参与水利建设和运营。在水生态文明制度建设方面，按照国家生态文明体制改革总体部署，抓紧开展水流产权确权试点等工作，落实水流产权的所有权人职责和权益、明确使用权的归属和权利义务，厘清水资源资产所有者与监管者的关系及管理形式，探索建立归属清晰、权责明确、监督有效的水流产权制度。这些改革都是涉及水利长远发展的基础性、根本性制度保障，各地务必高度重视，切实抓好组织实施。

第二，着力增强水利改革的实效性。深化水利改革是一项十分复杂的系统工程，要把中央精神与本地实际紧密结合起来，把水利改革融入国家全面深化改革的整体布局，坚持问题导向，把握方法步骤，务求改革实效。一要注重顶层设计。根据经济体制、生态文明制度、农村改革等改革要求，着眼全局和长远，立足解决实际问题，把握主攻方向，找准突破口、着力点，以关键改革牵引全面改革，以重点突破带动整体推进，实现全局与局部相协调、治本与治标相结合、渐进与突破相衔接。二要注重分类指导。针对不同地区经济社会发展水平、资源环境禀赋、水利发展状况，制定差别化的政策措施，突出分类指导和可操作性。特别是对认识还不深入、需要探索经验的水利改革，要先行开展试点，形成可复制可推广的典型经验和改革模式，因地制宜地加以推广。试点工作不在多，而在于精；时间不宜过长，关键要有示范带动作用。三要注重基层首创。要把鼓励基层改革创新、大胆探索作为抓改革落地的重要方法，把推进水利改革纳入工作考核内容，完善考核评价和激励机制，建立鼓励创新、表扬先进、允许试错、宽容失败的工作机制和环境。

第三，切实抓好改革举措的落实。改革争在朝夕，落实难在方寸。要坚定改革信念信心，保持改革定力韧劲，一步一步往前推，一层一层抓落实。一要着力强化组织领导。各级水利部门要把改革工作摆在更加突出的位置，加强对改革的统筹协调和推动，抓实目标任务、抓紧跟踪问效、抓好机制保障，主要负责同志要亲自谋划、亲自部署、亲自协调，特别是要把涉及利益复杂、推进难度大的改革抓在手上、落到实处。二要切实加强监督考核。要根据改革的时间表和路线图，聚焦重点难点问题，督任务、督进度、督成效，察认识、察责任、察作风，通过督察发现改革实施中存在的问题，提出解决的对策，对改革抓得实、有效果的要给予表扬，对执行不力、落实不到位的要追责问责。三要广泛凝聚改革合力。要加强与相关部门的协调配合，增强改革的系统性、整体性、协同性。对各地水利改革形成的典型经验和有效做法，要加强总结、宣传和推广，争取各部门和社会各界的广泛支持，营造共同推动水利改革攻坚的良好氛围。

四、坚持生态优先绿色发展，深入推进城乡水生态文明建设

山川秀美关键在水，建设美丽中国关键也在水。要牢固树立绿水青山就是金山银山的强烈意识，共抓大保护，不搞大开发，加强水资源节约保护和严格管理，加快城乡水生态文明建设。

第一，深入贯彻落实节水优先方针。把节水作为解决水资源短缺的根本性措施来抓，全面推进节水型社会建设。一是强化水资源承载能力刚性约束。要结合第三次全国水资源调查评价摸清水资源家底，以省、市、县三级行政区为单元，全面开展水资源承载能力评价工作。要立足在水资源上过紧日子的思想，统筹做好区域水利规划和重大水资源配置工程布局，加强相关规划和项目建设布局水资源论证，对水资源短缺地区实行更加严格的产业准入。二是谋划好重大节水工程和节水行动。要把农业节水作为主攻方向和战略任务，结合农业种植结构调整、农村生产生活方式改变和农业节水技术普及推广，加强政府引导，发挥市场机制作用，充分调动农民积极性，加快实施规模化重大农业高效节水灌溉工程。深入开展工业、城镇节水，积极推进重点用水行业水效领跑者引领行动，加快高耗水行业节水技术改造，全面推广使用节水型器具。三是严格重大水资源配置工程前期论证。要按照确有需要、生态安全、可以持续的原则，把节水放在优先位置、作为先决条件，做好用水需求预测，深入论证工程建设的必要性，合理确定

建设规模和方案，抑制不合理用水需求。四是建立水资源监测预警机制。以水资源承载能力评价为基础，以县域为单元，建立水资源安全风险识别和预警机制。健全水资源监控体系，加强省界等重要控制断面、水功能区和地下水的水量水质监测能力建设，力争到2020年，城镇和工业用水计量率达到85%以上，大型灌区和重点中型灌区农业灌溉用水计量率达到70%以上。

第二，积极推进水生态保护和修复。按照生态文明建设的要求，把水生态保护和修复摆在更加重要的位置。一是坚持保护优先、自然修复为主，加强江河源头和水源涵养区生态保护。加强西北黄土高原区、东北黑土区、西南岩溶区等重要江河源头区、重要水源地和水蚀风蚀交错区等重点区域水土流失防护和治理，严格地下水水量和水位双控制，加强地下水保护和超采区综合治理，涵养地下水源，修复地下水生态系统。加强重要水源地保护，增强保水储水能力，保障供水安全。二是坚持尊重自然、保护自然，加强重点河湖水生态修复与治理。以京津冀“六河五湖”、西北内陆河、重要湿地等为重点，推进生态敏感区、生态脆弱区、重要生境和生态功能受损河湖的生态修复。划定河湖管理和保护范围，加强河湖水域岸线保护，严格限制占用水域，有序推动河湖休养生息。有条件的地方，要大力开展退田退渔退养还河还湖还湿。三是坚持维护河流健康、构建生态廊道，科学确定和维持河湖生态流量。协调上下游、左右岸、干支流，深化河湖水系连通运行管理和优化调度。合理安排重要断面下泄水量，维持重要河湖、湿地及河口基本生态需水，保障枯水期生态基流。优化调整沿河湖排污口布局，限制和减少入河湖排污总量，维护河湖良好生态。

第三，切实加强江河流域系统治理。树立山水林田湖是一个生命共同体的思想，创新江河湖库治理模式，加强流域系统治理和保护。一是在流域综合规划编制中，要统筹防洪、供水、生态、航运、发电等功能，科学确定重要江河湖泊生态流量或生态水位，划定生态保护红线，将生态用水纳入流域水资源统一配置和管理。二是在项目前期论证中，特别是节水供水重大水利项目前期论证，要统筹研究确定工程的功能定位，高度重视生态环境保护，把生态环境影响与工程技术经济、征地移民一样，作为方案优化比选的主要评判要素，科学合理确定工程方案，尽可能保持河流自然形态，维护河流健康生命。三是在工程运行管理中，要坚持兴利服从防洪、区域服从流域、电调服从水调的原则，加强流域统一调度管理，科学制定调度方案，统筹兼顾多方利益，实现防洪减灾、水生态保护、水资源利用、航运、发电的多赢。

第四，科学实施江河湖库水系连通。要按照党的十八届五中全会关于加强水生态保护、系统整治江河流域、连通江河湖库水系的要求，在保护生态的前提下，以自然河湖水系、调蓄工程和引排工程为依托，科学规划和实施江河湖库水系连通工程。一是恢复河湖水系自然连通。在条件具备的地方，因地制宜实施河湖水系自然连通恢复工程，通过清淤疏浚、打通阻隔、连通水网，重塑健康自然的弯曲河岸线，营造自然深潭浅滩和泛洪漫滩，保护恢复河湖生态系统及功能。二是扩大江河湖库引排能力。通过实施必要的江河湖库水系连通工程，增强江河湖库的连通性和水体的流动性，提高供水安全保障程度，修复河湖和区域水生态，增强水资源和水环境承载能力。三是实施农村河道堰塘整治。通过清淤疏浚、岸坡整治、河渠连通等措施，提高农村地区水源调配能力、防洪排涝能力、河湖保护能力，改善农村环境和河流生态，建设美丽宜居乡村。

五、建立健全规划实施机制，共同谱写水利改革发展新篇章

一分部署，九分落实。“十三五”水利改革发展的蓝图已经绘就，新的征程已经开启。要以《规划》为引领，凝心聚力、真抓实干，开拓创新、锐意进取，共同谱写“十三五”水利改革发展新篇章。

第一，加强组织领导。《规划》是“十三五”水利改革发展的纲领性文件，各级水利部门要把《规划》的贯彻落实工作摆在突出位置来抓。要坚持党总揽全局、协调各方，发挥各级水利部门党委（党组）领导核心作用，为《规划》顺利实施提供坚强保证。要切实加强组织领导，完善工作体系。主要负责同志要亲自研究部署本单位和部门的落实方案，亲自协调统筹调配人力财力物力，亲自检查督促工作进展情况，及时研究解决《规划》落实中的重大问题。各地水行政主管部门要争取地方党委、政府对水利工作的重视，把水利改革发展纳入

重要议事日程，充分调动地方有关部门积极性，强化政策支撑和投资支持，增强要素保障，形成逐级落实推动的工作格局。

第二，落实目标责任。要研究制定《规划》分工方案，完善责任体系，明确“十三五”期间工作时间表、路线图和责任网，确保实现层层压实责任、逐级传导压力。《规划》提出的16项主要指标要尽可能分解落实到各省（自治区、直辖市），特别是其中4项约束性指标主要是最严格水资源管理制度“三条红线”考核内容，要做好与已有分解成果的衔接协调，同步抓好落实。《规划》提出的8个方面重点任务，涵盖了水利改革发展各个方面，既有重大工程、重大项目，也有改革要求、政策导向。对于任务比较明确的内容，要明确推进实施的责任主体和完成时限，特别是172项重大水利工程和灾后薄弱环节建设，要按照国务院的决策部署细化各地“十三五”期间的目标任务，有关地方要做好与本区域有关规划的衔接协调。对于原则性的规定和要求，各地也要结合本地实际提出有针对性的举措，确保规划要求落地生根。

第三，优化组织实施。各级水利部门要统筹安排好水利改革发展各项工作，确保《规划》各项任务落地生根。一方面要全力抓好水利建设的组织实施。要保证前期工作投入，扎实做好项目前期工作，确保前期工作质量和深度；严格落实项目法人、勘测设计、施工监理、工程管理等单位责任，强化质量安全监管；加强审查审批、招标投标、建设管理、资金使用、工程监理等关键环节的廉政风险防控，确保水利工程建设“四个安全”。另一方面要从全局高度谋划推进水利改革。各级水利部门主要负责同志要亲力亲为抓改革、扑下身子抓落实，把水利改革与水利建设一同谋划、一同部署、一同检查。把推动水利改革、创新体制机制与加快水利建设结合起来，以改革的办法解决水利发展中的问题，用改革带动和推动各项工作。

第四，强化监督考核。要加强动态监测分析，创新和改进水利统计工作，充分利用各类信息和数据资源，加快完善相关指标的统计、监测和考核办法，及时、全面、准确地掌握规划重点任务和目标指标的执行进度和完成情况。要健全监测评估机制，对《规划》实施情况开展年度评估、中期评估和总结评估，各地水利部门要高度重视，及时完成本地区评估工作。要完善监督考核机制，强化评估结果的运用，对于《规划》落实情况较好的省（自治区、直辖市）水行政主管部门予以表彰，对于执行进度慢、任务完成情况差的将酌情进行督办、约谈。

第五，凝聚社会力量。加大水情宣传教育力度，提高全社会的水忧患和亲水、护水意识，凝聚社会共识，激发发展热情，为水利又好又快发展营造良好的社会环境。充分发挥市场机制作用，健全政府和社会资本合作机制，鼓励和引导社会资本参与水利工程建设和运营。推动水利工程专业化、市场化、社会化建设管理，鼓励农民、村组、新型农业经营主体等参与农田水利工程建设、管理、经营。推行水利工程企业化、物业化管理，鼓励专业化队伍承担工程维修养护和河湖管护。强化公众参与和社会监督，健全公众参与、专家论证的决策机制，确保科学决策、依法决策。依法推进水利政务公开，强化对水行政权力的制约和监督，确保权力在阳光下运行。

贯彻新理念　谋划新发展
全面提升水安全保障能力

周学文

国家发展改革委、水利部、住房城乡建设部联合印发了《水利改革发展“十三五”规划》（以下简称《规划》）。《规划》明确了“十三五”时期水利改革发展的总体思路、发展目标、主要任务、总体布局和政策措施，是指导今后五年水利改革发展的重要依据。下面，我就《规划》的主要精神和内容谈几点认识。

一、治水理念不断升华，水利改革发展成效显著

“十二五”时期是我国发展不平凡的五年，也是水利改革发展极为重要的五年。党中央、国务院相继作出加快水利改革发展、保障国家水安全、推进重大水利工程建设等一系列决策部署，水安全上升为国家战略，治水理念不断升华，治水兴水进入一个新的阶段。五年来，水利基础设施建设全面加快，水利改革全面推进，依法治水管水得到加强，在我国治水史上写下了浓墨重彩的一笔，主要成效表现在以下四个方面。

一是水安全上升为国家战略，治水思路进一步升华。五年来，党中央、国务院高度重视水利工作。特别是党的十八大以来，习近平总书记多次就保障国家水安全发表重要论述，从治国理政、文明兴衰、民族永续发展的高度，把水安全上升为国家战略，明确提出“节水优先、空间均衡、系统治理、两手发力”的新时期水利工作方针，深刻回答了我国水治理中的重大理论和现实问题，为做好水利工作提供了科学的思想武器和行动指南。李克强总理强调水利是“赢民心”“稳增长”“施德政”的工程，要求加快实施节水供水重大水利工程，全面完成农村饮水安全工程建设，为加快完善水利基础设施网络、构建中国特色水安全保障体系指明了方向。

二是水利保障能力全面提升，有效支撑了经济社会发展。在中央加大水利投入一系列政策措施支持下，“十二五”水利建设投资规模再创新高，五年完成总投资达到2万亿元，年均投资4000亿元，是“十一五”年均投资的2.9倍，有力保障了水利基础设施建设的需要。一批控制性枢纽及大江大河治理工程建成发挥效益，大江大河防洪减灾体系基本建成，“十二五”期间全国洪涝灾害年均损失率为0.4%，是20世纪90年代初有统计资料以来最小的时期。南水北调东、中线一期等一批工程建成通水，新增供水能力380亿立方米，流域区域水资源配置格局不断完善，中等干旱年份可以基本保证城乡供水安全。3.04亿农村居民和4133万农村学校师生喝上安全水，农村饮水安全问题基本解决，兑现了政府解决农村饮水安全问题的庄严承诺。农田水利基础设施持续加强，新增农田有效灌溉面积7500万亩，发展高效节水灌溉面积1.2亿亩，为全国粮食产量“十二连增”提供了有力支撑。

三是最严格水资源管理制度加快落实，水生态文明建设深入推进。水资源管理“三条红线”控制指标基本实现省市县三级行政区全覆盖，年度考核工作扎实开展。水资源利用效率进一步提高，万元GDP用水量、万元工业增加值用水量分别比“十一五”末下降31%和35%，农田灌溉水有效利用系数由0.50提高到0.532，全国重要江河湖泊水功能区水质达标率提高到68%。开展水生态文明城市试点，实施河北等地下水严重超采区综合治理，黄河连续16年不断流，塔里木河、石羊河等流域生态功能逐步恢复。新增水土流失综合治理面积26.6万平方公里，新增农村水电装机1400万千瓦。

四是重点领域改革取得突破，水利发展体制机制逐步完善。水行政审批制度改革深入推进，审批事项由48项减少到22项。创新水利投融资机制，落实计提土地出让收益用于农田水利建设政策，发放专项建设基金和过桥贷款，加大金融支持力度，鼓励和吸引社会资本参与重大水利工程建设运营。农业水价综合改革试点成效明显，宁夏、内蒙古等7个省区水权确权登记和水权交易试点稳步推进。水利工程建设与管理体制改革、国有水管单位体制改革和小型农田水利设施产权制度改革进展顺利。

总体来看，“十二五”水利投资规模大、建设进度快、改革力度强、综合效益好、群众受益多，圆满完成了规划确定的主要目标和任务，是历次五年规划中目标任务完成最好的时期，为稳增长促改革调结构惠民生防风险等发挥了重要作用，为“十三五”时期水利改革发展再上台阶奠定了良好基础。

二、贯彻中央决策部署，明确水利发展思路目标

党的十八届五中全会通过的《关于制定国民经济和社会发展第十三个五年规划的建议》（以下简称《建议》）和第十二届全国人民代表大会第四次会议批准的《国民经济和社会发展第十三个五年规划纲要》（以下简称《纲要》）阐明了未来五年我国经济社会发展宏伟目标、主要任务和重大举措，是各部门编制专项规划的重要依据。根据《建议》和《纲要》，充分考虑水利改革发展实际和面临的新形势新要求，《规划》提出了“十三五”水利改革发展“一条主线、四个重点领域”的总体思路，即全面贯彻党的十八大和十八届三中、四中、五中、六中全会精神，深入学习贯彻习近平总书记系列重要讲话精神，紧紧围绕统筹推进“五位一体”总体布局和协调推进“四个全面”战略布局，坚持创新、协调、绿色、开放、共享发展的理念，按照党中央、国务院决策部署，坚持节水优先、空间均衡、系统治理、两手发力，以全面提升水安全保障能力为主线，从全面建设节水型社会、健全水利发展体制机制、完善水利基础设施网络、保护和修复水生态环境等四个重点领域推进

水利改革发展。

在确定“十三五”水利改革发展目标时，《规划》在2011年中央1号文件提出的目标基础上，根据近年来中央作出的一系列决策部署，增加了“水利基础设施网络进一步完善，水治理体系和水治理能力现代化建设取得重大进展，国家水安全保障综合能力显著增强”等内容。在具体指标上，《规划》从防洪抗旱减灾、节约用水、城乡供水、农村水利、水生态环境保护、水利改革和管理等6个方面选择了16项指标，主要考虑：一是为体现水利的支撑和保障作用，设置了洪涝干旱灾害损失率、新增供水能力、农村自来水普及率、农村集中式供水人口比例、新增农田有效灌溉面积、新增高效节水灌溉面积等指标；二是按照水资源消耗总量和强度双控要求，设置了用水总量控制、万元GDP用水量、万元工业增加值用水量、农田灌溉水有效利用系数等指标；三是从加强水生态保护与修复考虑，设置了新增小水电装机容量、新增水土流失综合治理面积、重要江河湖泊水功能区水质达标率等指标；四是从推进水治理能力现代化等方面考虑，设置了城镇和工业用水计量率、农业灌溉用水计量率等指标。16项指标中，用水总量控制、万元GDP用水量、万元工业增加值用水量、重要江河湖泊水功能区水质达标率等4项为约束性指标，其他12项为预期性指标。万元GDP用水量下降23％是纳入《纲要》的约束性指标，用水总量控制在6700亿立方米以内、新增高效节水灌溉面积1亿亩、农田灌溉水有效利用系数提高到0.55以上、农田有效灌溉面积达到10亿亩以上、新增水土流失治理面积27万平方公里等要求体现在《纲要》有关章节中。

三、坚持绿色发展理念，大力推进水生态文明建设

党的十八大以来，习近平总书记多次对生态文明建设作出重要指示，强调生态文明建设是“五位一体”总体布局和“四个全面”战略布局的重要内容，要求各地区各部门切实贯彻新发展理念，树立“绿水青山就是金山银山”的强烈意识，努力走向社会主义生态文明新时代。针对我国水资源约束趋紧、水环境污染严重、水生态系统退化等问题，《规划》贯彻落实党的十八大以来提出的一系列生态文明和绿色发展的理念，按照尊重自然、顺应自然、保护自然的要求，把生态文明理念融入到水资源开发、利用、治理、配置、节约、保护各方面。

一是有度有序利用水资源，促进人水和谐。《规划》遵循人口经济与资源环境相均衡的原则，坚持以水定产、以水定城，强化需水管理，合理控制水资源开发程度，努力维护河湖健康。《规划》提出两方面的抓手，一要细化落实用水总量控制，加快制定重要江河流域水量分配方案，细化落实流域和区域取用水总量控制指标，严格控制流域和区域取用水总量；二要强化规划水资源论证，强调国民经济和社会发展规划以及城市总体规划编制、重大项目的布局等，应当与当地水资源条件和防洪要求相适应。

二是全面加强节水型社会建设，推动用水方式转变。按照习近平总书记提出的“从观念、意识、措施等各方面都要把节水放在优先位置”的要求，《规划》不仅在原则和目标设置上把节水放在突出位置，同时把全面推进节水型社会建设作为“十三五”8个方面重点任务之首进行谋划，从节水制度、节水行动、节水机制等方面进行系统部署，加快实现从粗放用水向节约集约用水的根本转变，形成有利于水资源节约利用的空间格局、产业结构、生产方式和消费模式。

三是加大水资源保护力度，改善水环境质量。《规划》主要从3个方面提出加大水资源保护力度的措施：一要严格水功能区监督管理，从严核定水域纳污容量，严格控制入河湖排污总量，对排污量超出水功能区限排总量的地区实施限批，加快建立以水域纳污能力倒逼陆域污染减排的综合治污和保护模式。二要加强水源地保护，全面开展重要饮用水水源地安全保障达标建设，推动科学划定饮用水水源保护区，依法清理水源保护区内违法建筑、排污口和各类养殖户。三要加强入河排污口整治，优化调整沿河湖排污口布局，对问题突出、威胁饮水安全的排污口实施综合整治。

四是加强水生态保护和修复，维护河湖健康生命。按照山水林田湖是一个生命共同体的思想，《规划》强调以流域为单元强化整体保护、系统修复、综合治理，发挥水资源综合利用效益，协调解决水资源、水环境、水生态等问题。在具体措施上，《规划》提出以京津冀“六河五湖”等为重点，按照系统治理的思路，推进生态修复与治理；在科学规划的前提下，因地制宜实施河湖水系连通工程，改善河湖连通性和水体流动性；对京津冀晋等地下水超采较严重地区开展治理与修复，逐步实现地下水采补平衡；按照预防为主、防治结合的思路加强水土流失防护和治理。

五是强化水利建设全过程监管，打造生态友好型工程。《规划》提出要强化对工程规划、设计、建设、管理全过程的监管，最大程度地减缓规划实施的不利环境影响。规划设计方面，要按照“确有需要、生态安全、可以持续”的原则，加强重大水利工程前期论证，优化工程设计方案，落实各项环境保护措施。尤其是实施跨流域跨区域引调水工程，要坚持“三先三后”原则，坚持节约优先和生态优先，深入做好前期论证工作。工程建设方面，要充分考虑水生态环境保护和修复的需要，采取生态友好型的工程方案、材料和施工工艺。调度运行方面，要科学制定工程调度方案，合理安排重要断面下泄水量，维持重要河湖、湿地及河口基本生态需水，重点保障枯水期生态基流。

四、政府市场协同发力，创新水利发展体制机制

近年来，我国水利重点领域改革不断取得新的进展，但总体上看水利发展体制机制仍存在不少问题。河湖管理机制不健全，产权不清、权责不明、监管薄弱，导致河湖管理问题凸显，如河道干涸湖泊萎缩、水环境状况恶化、河湖功能退化等，对保障水安全带来严峻挑

战。水价形成机制不完善，价格水平总体偏低，灌溉水价仅占运行成本的 1/3，难以充分发挥水价的杠杆作用，也难以有效利用金融资本和吸引社会投资，甚至影响到工程的正常维护和运行。水权制度不完善，水市场不发育，市场在水资源配置中的作用尚未充分发挥。

针对这些问题，《规划》既强调充分发挥政府作用，强化政府在水治理中的职责，对于政府该管的绝不能缺位、手软。同时，注重发挥市场机制的作用，形成政府和市场两只手协同发力的格局。

在发挥政府作用方面。主要是通过健全一系列制度，加强水资源管理、河湖管理、水利工程质量监管，把该管的管住管严管好。一是加强水资源管理。落实最严格水资源管理制度，严格控制流域和区域取用水总量。加强最严格水资源管理制度考核工作，把节水作为约束性指标纳入政绩考核，在严重缺水的地区率先推行。强化水资源安全风险监测预警，加强水资源风险防控。二是加强河湖管理。全面推行河长制，强化地方党委政府在水资源保护、水域岸线管理保护、水污染防治、水环境治理、水生态修复、执法监管等方面的责任。加快推进水流产权确权试点，从水域、岸线等水生态空间确权和水资源确权两方面开展工作，着力解决权属不清、监管不力的问题。三是加强工程质量监管。加强水利建设项目全过程质量管理，强化政府质量监督，严格水利建设质量工作考核，实行工程质量终身责任追究制。

在发挥市场作用方面。主要是通过体制机制创新，理顺价格机制，发挥价格杠杆调节供求，发挥市场配置资源的优势。一是全面推进水价改革。重点是推进农业水价综合改革，通过健全农业水价形成机制、建立精准补贴机制和节水奖励机制、加强监测计量等措施，达到总体上不增加农民负担、促进节约用水、有利于农田水利体制机制创新、保障工程良性运行的目标。二是创新水利投融资体制机制。在加大各级公共财政投入力度的基础上，鼓励和引导社会资本参与水利工程建设运营，完善金融支持水利政策，用好过桥贷款、专项建设基金、抵押补充贷款等优惠政策。三是积极培育和发展水市场。推动水权交易制度建设，开展水权交易试点，鼓励和引导地区间、流域间、用水户间开展水权交易，探索多种形式水权流转方式。

五、完善基础设施网络，全面提升水安全保障水平

总体上看，经过多年来持续大规模的投入建设，全国大江大河防洪减灾体系基本建成，流域和区域水资源配置格局不断优化，农田灌排体系基本建立，水土资源保护能力明显提高，为国民经济和社会发展提供了有力支撑。但也要看到，受经济实力和技术水平等制约，水利基础设施在保障水安全、改善生态环境等方面仍有差距。从保障防洪安全看，一些大江大河及主要支流防洪控制性枢纽工程尚未健全，一些中小河流堤防防洪标准还比较低，一些重要防洪保护区尚未达到国家规定的防洪标准，流域防洪体系中仍存在薄弱环节。从保障供水

安全看，西南地区工程性缺水问题突出，人均供水量仅为全国平均水平的2/3左右；华北、西北等地区资源性缺水问题突出，水资源过度开发不仅影响经济社会发展，也造成严重的生态赤字；一些城镇供水水源单一、保障程度低；一些地区农村饮水安全还存在保障程度不高等问题。从保障粮食安全看，我国是灌溉农业，但目前我国还有将近一半的耕地缺乏灌溉条件；现有灌区灌排设施还存在老化失修、配套不完善、建设标准低等问题；农业灌溉用水比重高，用水效率和效益偏低。要实现“中国人的饭碗任何时候都要牢牢端在自己手上”的目标，农田水利设施还有不小差距。

针对水利基础设施发展现状和全面建成小康社会的目标要求，《建议》将水利作为需加快完善的八大基础设施网络之首，《纲要》在“构筑现代基础设施网络”一篇中单设“强化水安全保障”一章进行部署。因此，《规划》把加快推进水利基础设施建设作为“十三五”水利改革发展的重点任务，并且按照现代基础设施网络的要求进行谋划。一是稳步推进重大水利工程建设，完善骨干工程网络。截至2016年底，172项重大水利工程中还有66项尚未开工建设，《规划》按照动态管理的原则对“十三五”期间暂不具备建设条件的工程进行了调整和补充。同时适当新增一批工程作用明显、工作基础较好的项目纳入《规划》。“十三五”期间将加快推进重大水利工程建设，进一步完善防洪、供水骨干工程网络，增强水利支撑和保障能力。二是全面推进灾后水利薄弱环节建设，补齐防灾减灾短板。针对2016年大水暴露出来的突出问题，根据国务院的决策部署，“十三五”期间将集中力量加快中小河流治理、小型病险水库除险加固、重点区域排涝能力、农村基层防汛预报预警体系建设，补齐水利防灾减灾短板。**三是夯实农村水利基础，促进城乡公共服务均等化。**“十三五”期间将大规模推进农田水利建设，完善灌排设施体系，提高输配水效率；在有条件地区新建一批节水型、生态型灌区；继续推进区域规模化高效节水灌溉，突出抓好粮食主产区、生态环境脆弱区、水资源开发过度区等重点地区高效节水灌溉工程建设，为进一步提高粮食生产能力奠定坚实的水利基础。同时，通过实施农村饮水安全巩固提升工程，进一步提高农村集中供水率、供水保证率、水质达标率，促进城乡公共服务均等化。**四是加大水利扶贫力度，助力贫困地区脱贫攻坚。**按照中央关于打赢脱贫攻坚战的决策部署，“十三五”期间将更加注重贫困地区水利基础设施建设，在项目安排和投资支持上向贫困地区倾斜。在集中连片特困地区规划实施一批重点水利骨干工程，解决区域性脱贫解困面临的水利问题。同时按照精准扶贫的要求，有针对性推进民生水利工程建设，着力改善贫困地区供水、灌溉、供电条件。

六、强化水利支撑保障，服务国家区域发展战略

“一带一路”“京津冀协同发展”“长江经济带发展”三大战略是中央在我国经济发展进入新常态背景下，根据全球经济形势深刻变化，统筹国内国际两个大局作出

的重大决策部署。《纲要》提出要以区域发展总体战略为基础，以“一带一路”建设、京津冀协同发展、长江经济带发展为引领，形成沿海沿江沿线经济带为主的纵向横向经济轴带。为保障三大战略的实施，一方面要求我们进一步优化水资源配置格局、完善水利基础设施网络，提升流域和区域水资源承载能力，提高水利公共服务均等化水平，为要素有序自由流动、区域协同发展提供水利支撑；另一方面要求强化水资源和河湖的管理与保护，充分发挥水资源的引导和约束功能，促进经济社会发展方式转变、经济结构和空间结构不断优化。

《规划》按照三大战略的总体部署，针对不同流域和区域所面临的突出水问题，因地制宜提出了水利发展的重点任务。围绕“一带一路”建设，《规划》提出实施水利“走出去”战略，充分发挥我国在水利技术、人才、管理、设备等方面的优势，推动水利规划与标准、工程勘测设计与咨询、工程施工技术与管理、装备与产品全方位“走出去”；同时，以多双边固定合作交流机制为平台，充分发挥政府、科研机构和企业的作用，加强水利双边多边合作。围绕京津冀协同发展，《规划》提出强化水资源刚性约束，根据水资源条件合理确定城市发展规模，制定严格的产业准入、退出政策；加大节水力度，在全国率先全面建成节水型社会；加强水生态修复与治理，打造永定河等绿色生态河流廊道，推进地下水超采区综合治理；进一步优化水资源配置格局，构建与世界级城市群相适应的供水安全保障体系。围绕长江经济带发展，《规划》提出把保护和修复长江生态环境摆在首要位置，共抓大保护、不搞大开发；协调处理好河湖关系，保护和改善流域生态服务功能；加强饮用水水源地保护，优化取水口和排污口布局，构建绿色生态廊道；优化水资源配置格局，加强流域水资源统一管理和调度，完善防洪减灾体系，加强岸线资源管理与保护，促进沿江城镇和产业合理布局。

我们相信，《规划》的实施，将进一步促进水利改革发展，构建适应时代发展要求和人民群众期待的水安全保障体系，为如期实现全面建成小康社会宏伟目标提供更为扎实的水利支撑和保障。

牢牢把握规划主线
推动“十三五”水利改革发展
再上新台阶

汪安南

根据《中共中央关于制定国民经济和社会发展第十三个五年规划的建议》和《国民经济和社会发展第十三个五年规划纲要》，以及国家关于“十三五”规划编制工作的总体要求，为科学谋划好“十三五”水利改革发展工作，国家发展改革委、水利部、住房城乡建设部组织编制了《水利改革发展“十三五”规划》。《规划》紧紧围绕实现全面建成小康社会这个奋斗目标，从全局和战略的高度，研究提出了“十三五”时期水利改革发展的总体思路、发展目标、主要任务、总体布局和政策措施建议。深刻理解《规划》的精神实质，准确把握《规划》主线，对于抢抓我国水利改革发展的重要机遇、加快推进水利改革发展、提升国家水安全保障水平，具有重要的意义。

一、科学认识“十三五”水利改革发展面临的形势

兴水利、除水患，历来是中华民族治国安邦的大

事。党中央、国务院始终高度重视水利工作，“十二五”时期，中央相继作出了加快水利改革发展、保障国家水安全、实行最严格水资源管理制度、推进重大水利工程建设、加强水污染防治等一系列决策部署，水安全上升为国家战略，水利改革发展取得重大成就，圆满完成了“十二五”规划确定的主要目标和任务。“十三五”时期是我国全面建成小康社会的决胜阶段，也是深化改革开放、加快转变经济发展方式的攻坚时期。纵观国际国内形势，我国水利改革发展呈现新的阶段性特征。

从基本国情水情和水利改革发展情况看，尽管我国水利建设取得了巨大成就，但与经济社会发展、人民生活水平提高、生态环境改善的需求相比，我国的水安全保障能力还存在不小差距。主要表现为：应对水灾害的能力仍需持续加强。流域性大洪水、局部强降雨、山洪、内涝、干旱等灾害时有发生，直接经济损失占各类自然灾害总损失的60%左右。2016年在超强厄尔尼诺现象的影响下，我国发生多次大范围强降雨过程，一些流域和区域遭受严重洪涝灾害，进一步暴露出防洪排涝减灾体系仍存在不少薄弱环节。防灾抗灾减灾能力和水平需要不断巩固和提高。水短缺矛盾需进一步有效缓解。华北、西北地区受气候条件影响，水资源十分紧缺，西南地区工程性缺水问题突出，人均供水能力仅为全国平均水平的2/3。与水短缺并存的是用水效率仍然不高，单位用水的粮食产量约为1.2千克每立方米，而世界先进水平为2千克每立方米左右。需要以水定产、以水定城，坚持节水优先，开源节流并重，科学配置水资源，实现水资源可持续利用，促进经济社会发展与水资源水环境承载能力相协调。水生态环境需要加大力度改善。废污水排放量一直维持在高位，加之面源污染，一些河流污染物入河量超出其纳污能力。北方许多河流水资源开发利用程度偏高，已接近甚至超出水资源承载能力，生态用水被严重挤占，生态功能明显下降。华北等区域地下水超采严重，引发地面沉降、海水入侵等严重生态环境问题。要把保护、修复和改善水生态环境作为保障水安全重中之重的任务，下大力气加快推进。

从与国际上其他国家经历的发展对比看，发达国家工业化、现代化发展超过 100 年甚至接近 200 年，水利发展大致经历了四个阶段。低收入阶段，人水关系矛盾主要体现在应对洪涝灾害、保证居民财产安全的层面，如美国在 1861 年采纳“堤防万能”的防洪政策主导治水理念。中下收入阶段，人水关系逐渐从治理洪灾转变为水资源供需关系及对水资源综合利用效益的追求，如田纳西河、科罗拉多河等流域的综合开发极大地促进了经济社会发展。中上收入阶段，随着人口膨胀、城镇发展，资源环境压力加大，开始强调水资源节约与水环境治理，如美国从 1978 年开始实施需水管理策略，英国从 20 世纪 60 年代开始对泰晤士河污染进行全面治理。高收入阶段，人们对生存环境提出了更高要求，强调低影响开发、水生态修复、河流再自然化，如韩国清溪川整治、莱茵河“2000 年鲑鱼计划”都强调河流生态系统和景观的整体性、舒适性。预计到 2020 年，我国总体上进入中上收入阶段，但我国区域差异大、发展不平衡，既有发达国家第一、二阶段已解决的防洪、灌溉、供水等问题，也面临着第三、四阶段才出现的水生态环境问题。

针对新老水问题并存并相互交织的局面，《规划》提出“十三五”时期水利仍处于补短板、破瓶颈、增后劲、上水平的发展阶段，对于未来五年的谋划必须充分考虑这一阶段的特征并遵循水利发展客观规律。

二、牢牢把握“十三五”水利改革发展主线

主线是发展的指南，也是规划的灵魂，具有纲举目张的作用。“十三五”水利改革发展主线的确定是基于对我国基本国情水情、面临新老水问题以及水利发展新形势的综合研判。新中国成立以来我国水利建设取得了举世瞩目的显著成就，以占全球6%的淡水、9%的耕地，解决了约占全球20%人口的吃饭问题，支撑了经济社会的快速发展。但特殊的自然地理和气候条件决定了我国是世界上治水任务最为繁重、治水难度最大的国家之一。随着经济社会快速发展和气候变化影响，近年来，我国水旱灾害频发、水资源短缺、水污染严重、水生态损害等新老水问题相互交织，对保障水安全提出了严峻挑战。2014年，习近平总书记就保障国家水安全发表重要讲话，从治国理政、文明兴衰、民族永续发展的高度，深刻阐述了保障国家水安全的重大战略和实践问题。习近平总书记深刻指出，河川之危、水源之危是生存环境之危、民族存续之危。要求我们着力增强水忧患意识、水危机意识，从全面建成小康社会、实现中华

民族永续发展的战略高度，重视解决好水安全问题。《建议》和《纲要》都把水利摆在更重要的位置，从全面提升水安全保障能力的高度进行谋划。因此，《规划》把全面提升水安全保障能力作为“十三五”水利改革发展的主线，符合中央决策部署，符合国家现代化建设要求，符合水利自身发展规律，具有很强的指导性和现实意义。

围绕这一主线，《规划》确定了全面建设节水型社会、健全水利发展体制机制、完善水利基础设施网络、保护和修复水生态环境四个重点领域，主要考虑到：按照全面建成小康社会目标要求，必须加快完善水利基础设施网络，更加精准有力地发挥水利对区域协同发展的先行引导作用，全面提升水利保障经济社会发展的能力；着力解决好水利发展中不平衡、不协调、不可持续的问题，加快推进水利公共服务均等化，强化保障和改善民生。全面深化改革、全面依法治国、全面从严治党，必须坚持党总揽全局、协调各方，发挥党的领导核心作用，需要在水利重点领域改革实现新突破，全面加强水利法治建设，进一步完善水利体制机制，推进水治理体系和治理能力现代化。大力推进生态文明建设，实现生态环境质量总体改善，建设美丽中国，要求加快转变用水方式，全面推进节水型社会建设，着力缓解水资源水环境约束趋紧的矛盾；要坚持以流域为单元，加强水生态治理、保护与修复，维护流域生态系统功能，推进水利在绿色发展、可持续发展方面迈出新的步伐。

三、切实把新理念贯穿"十三五"水利改革发展全过程和各领域

党的十八大以来，以习近平同志为核心的党中央，提出了一系列治国理政新理念新思想新战略，及时作出经济发展进入新常态的重大判断，形成以"创新、协调、绿色、开放、共享"新发展理念为指导，以供给侧结构性改革为主线的政策框架，开辟了中国特色社会主义新实践新局面新境界。同时，习近平总书记多次就治水和生态文明建设发表重要讲话、作出重要指示，明确提出"绿水青山就是金山银山""保护生态就是保护生产力，改善生态环境就是发展生产力""共抓大保护、不搞大开发""节水优先、空间均衡、系统治理、两手发力"等一系列重要论述，为我们做好水利工作提供了强有力的思想武器和科学行动指南。

做好"十三五"水利改革发展工作，必须以党中央治国理政新理念新思路新战略为引领，丰富完善治水兴水管水思路，切实把新理念贯穿"十三五"水利改革发展全过程和各领域。一是坚持节水优先。在观念、意识、措施等各方面，都要把节水放在优先位置，实现治水思路的转变，从增加供给转向需求管理，从开发建设工程、拓展供水渠道转向侧重于提高用水效率、抑制不合理需求，坚持制度建设、重大行动、机制创新"三管齐下"，加快推进由粗放用水方式向集约用水方式的根本性转变，努力形成有利于水资源节约利用的空间格局、产业结构、生产方式和消费模式。二是坚持绿色发

展。坚持以水定产、以水定城，加快形成节约水资源、保护水环境、涵养水生态的生产生活方式。优化流域区域水利发展布局，加强重要流域治理开发与保护，强化生态保护与修复，形成人水和谐发展新格局，使青山常在、绿水长流。三是坚持系统治理。牢固树立山水林田湖是一个生命共同体的系统思维，强化流域整体保护、系统修复、综合治理。围绕推进供给侧结构性改革，进一步完善水利基础设施体系，补齐水利发展短板，协调解决水灾害、水资源、水环境、水生态等问题。四是坚持改革创新。着力推进水利重要领域和关键环节改革攻坚，进一步推动治水思路创新、制度创新、科技创新、实践创新，引导全社会积极支持和参与水利建设与管理，实现更高质量、更有效率、更加公平、更可持续的水利发展。特别是要按照“两手发力”的要求，推进水价、水权、河湖管理、工程管护和投融资机制改革，着力构建系统完备、科学规范、运行有效的水管理体制机制。五是坚持以人民为中心。牢固树立以人民为中心的发展思想，坚持普惠性、均等化、可持续方向，着力构建保障民生、服务民生、改善民生、惠及民生的水利发展格局，让最广大人民群众共享水利发展成果。围绕国家区域发展总体战略，统筹流域和区域水利改革发展，促进各流域、区域水利协调发展，推进城乡基本公共服务均等化，加快完善贫困地区水利基础设施网络，为打赢脱贫攻坚战奠定坚实的水利基础。

全面落实最严格水资源管理制度

陈明忠

“十二五”时期，党中央、国务院全面部署实行最严格水资源管理制度，习近平总书记提出“节水优先、空间均衡、系统治理、两手发力”新时期水利工作方针。水利行业凝心聚力，全力落实水资源管理各项政策措施，工作取得显著成效。

一、主要工作完成情况

（一）最严格水资源管理制度有效落实

水资源管理“三条红线”确立。“三条红线”控制指标和阶段管理目标逐级分解覆盖到各级行政区。各地结合实际不断丰富指标体系，宁夏将节水型社会建设、北京将污水处理率纳入控制指标管理。“四项制度”基本建立。国务院出台实行最严格水资源管理制度意见和考核办法，水利部等部门出台考核实施方案，各地建立了政府行政首长负总责的责任制。考核工作全面开展。水利部等九部门组成考核工作组，完成年度考核和“十二五”期末考核。考核结果经国务院审定向社会公告，并报送干部主管部门，作为各省区市人民政府主要负责人和领导班子综合考核评价的重要依据。通过严格考核，加强整改，倒逼各地落实最严格管理各项措施。

（二）节水型社会建设深入开展

区域和行业节水成效显著。全面落实节水型社会建设“十二五”规划，完成100个全国试点，形成了北方地区严控总量的精细化节水、西北地区鼓励水权转换的结构性节水、南方地区强化循环利用的减排型节水模式。节水政策标准要求更加严格。起草完成节约用水条例，43项涉及取水定额、产品水效、节水评价的国家标准颁布实施。节水监督管理不断强化。印发《计划用水管理办法》，800家规模较大的取用水户纳入国家重点监控名录，实行重点监管。

（三）水生态文明建设稳步推进

以水功能区为单元的水资源保护体系基本形成。全国重要江河湖泊水功能区划和各省区水功能区划批复实施，按照水功能区纳污能力提出分阶段限排总量方案，对90%以上重要水功能区开展了水质监测。以达标建设为主要手段的饮用水水源地保护成效明显。完成175个全国重要饮用水水源地达标建设，95%以上重要饮用水水源地达到饮用水水源水质标准。印发加强农村饮用水水源保护的指导意见，完成长江经济带沿江取水口、排污口和应急水源布局规划，有效应对百余起重大突发水污染事件。以试点创建为龙头的水生态文明建设全面启动。印发加快推进水生态文明建设工作的意见和水生态文明城市建设评价导则。全面推进105个水生态文明城市试点建设，江河湖库水系连通工程建设稳步推进。

（四）水资源配置和调度能力显著增强

江河水量分配和统一调度持续推进。编制完成53条跨省江河水量分配方案，19条已完成批复。连续实施黄河、黑河、塔里木河等重点江河水资源统一调度，南水北调东中线一期工程水量调度进一步加强，社会效益和生态效益初显。水资源论证和取水许可不断强化。相继完成近200项规划和1万多个建设项目水资源论证，核减水量超过40亿立方米。严格取水许可监管，完成台账建设，出台农业取水许可管理政策文件。31个省区市水资源费征收标准全部调整到位。地下水超采区治理加快实施。完成全国地下水超采区评价，推进禁限采范围划定。印发实施南水北调东中线一期工程受水区地下水压采总体方案，受水区压采地下水2.78亿立方米。河北开展地下水超采区综合治理，形成15.2亿立方米压采能力。

（五）水资源领域改革全面深化

水权水市场建设实现新突破。启动宁夏等7个水权试点，出台水权交易管理暂行办法，成立中国水权交易所，积极探索水权确权和交易流转。水资源行政审批改革取得新进展。取消建设项目水资源论证机构资质认定许可，实施取水许可和建设项目水资源论证合并审批。水资源管理体制机制不断完善。进一步强化流域在水量调度、省界缓冲区监管、区域协调等方面宏观管理职能，强化地方对取用水全过程监督管理。统筹推进城乡涉水服务均等化，积极推进城乡水务一体化管理。以七大流域为平台的水污染防治协作机制不断完善强化。

（六）水资源管理能力明显提升

国家水资源监控能力建设一期项目完成。建成1.6万余个国控监测点，实现全国75%的总许可水量在线监控，重要水功能区省界断面水质监测全覆盖，全国重要地表饮用水水源地全部实现水质在线监测，省界断面水量监测覆盖率较原有水平提高2倍。基本实现中央、流域和省级平台信息共享、互联互通和业务协同。基层管理能力不断加强。积极推进基层水资源管理机构和队伍建设，31个省区市成立节约用水办公室，18个省区设立省级水资源管理中心。水资源宣传教育广泛开展。开展世界水日、中国水周、节水在路上等宣传活动，建成19个全国节水教育基地。

二、存在的主要问题

水资源管理还存在一些突出问题和矛盾，需要采取有效措施切实加以解决。一是水资源承载能力刚性约束作用尚未充分发挥。水资源供需矛盾依然十分突出，部分地区用水总量逼近甚至超过控制目标，“三条红线”对经济发展转方式、调结构的倒逼作用尚未充分显现。二是促进节水的市场机制和社会参与机制还未完全建立。尚未建立完善的节水激励约束机制，节水内在动力不足；以政府投资推动节水为主的现状未根本转变，还没有形成全社会共同参与节水的局面。三是河湖水系系统治理理念尚未全面落实。江河湖库水系综合整治还处于试点阶段，生态文明要求在水资源开发、利用、治理、配置、节约、保护各方面和水利规划、设计、建设、管理各环节的体现还不充分。四是水资源管理法律法规还不健全。“节约用水条例”“地下水管理条例”尚未出台。五是水资源管理基础能力仍然较为薄弱。水资源计量监控覆盖率还不高，基层水资源管理机构能力仍薄弱。

三、“十三五”期间主要任务

“十三五”时期我们将牢固树立新发展理念，积极践行新时期水利工作方针，统筹推进各项重点任务，全面落实最严格水资源管理制度。

（一）抓好双控行动，强化水资源刚性约束

一要强化约束性指标管理。在总量控制方面，加快江河流域水量分配，把总量指标落实到江河流域断面；在强度控制方面，把万元国内生产总值用水量、万元工业增加值用水量和农田灌溉水有效利用系数作为主要指标，明确区域和行业强度控制要求。严把项目审批关口，从严控制产能过剩行业取退水，推动化解过剩产能和淘汰落后产能。二要建立水资源承载能力监测预警机制。以县域为单元核算水资源承载能力，构建水资源承载能力动态评价与预警平台，提出管控措施，加强区域河湖、地下水资源开发强度控制，切实体现水资源承载能力刚性约束。三要强化责任追究。狠抓最严格水资源管理制度考核，对落实“双控”不力的地区，将采取约谈、限批等措施，依法依纪追究责任。

（二）抓好顶层设计，在更高层次上推进节水型社会建设

一要制定落实《节水型社会建设“十三五”规划》。

系统梳理节水型社会建设的成效、经验和问题，理清发展方向和目标任务。二要全面健全节水制度体系。健全定额标准体系，强化节水管水制度保障。建立节水激励机制，推行合同节水管理，开展水效领跑者引领行动。三要整体化、区域化推进节水型社会建设。全面开展县域节水型社会达标建设，到2020年，北方地区40%以上、南方地区20%以上的县（区）级行政区达到节水型社会标准要求。四要强化节水监管。抓好重点用水单位监管，建立健全国家、省、市三级监控名录和管理体系。加强用水定额和计划管理，落实节水“三同时”制度要求。明确节水责任，切实把节水作为约束性指标纳入政绩考核。

（三）抓好水功能区监管，打造水生态文明品牌

一要强化水功能区分级分类管理。从严核定水域纳污能力，落实水功能区监督管理办法，从源头上严控污染物入河湖。落实水污染防治行动计划，完善入河排污口台账与设置布局，强化监督监测与监管，从过程上严控入河湖污染物总量。二要切实做好饮用水水源地保护。深入推进饮用水水源地安全保障达标建设和检查评估。三要推动水生态文明建设纵深发展。做好105个全国水生态文明城市建设试点和各类地方试点，逐一落实建设任务，积极探索建设模式。定期开展河湖健康评估，科学有序推进江河湖库水系连通，开展水美城市（乡村）创建。

（四）抓好水资源调度配置，促进水资源合理利用

一要全面做好江河水量调度配置。以黄河、黑河、塔河和已批复水量分配的跨省江河流域及南水北调东中线一期工程为重点，强化水量统一调度管理，科学调配水资源，确保供水安全和生态安全。严格规划和建设项目水资源论证，落实以水定产，以水定城。二要强化地下水开发利用管控。严格地下水开发利用总量和水位双控制，以河北试点和南水北调受水区为重点，大力推进地下水超采区综合治理。三要积极发展非常规水源利用。把非常规水源纳入区域水资源统一配置，积极开发利用再生水，大力发展海水淡化和直接利用，推进雨洪资源利用，切实通过补源优化水资源配置格局。

（五）抓好水资源领域改革，充分发挥市场机制作用

一是深化水资源管理体制机制改革。做好建设项目水资源论证和取水许可审批整合，强化事中事后监管。进一步明晰中央、流域与地方事权，制定权力清单和责任清单，促进完善流域与区域相结合的水资源管理体制机制。二是加快推进水权水市场建设，强化水资源用途管制。加快水权试点工作，总结推广经验，开展水流产权确权试点工作，鼓励引导水权交易。统筹好各行业以及生态用水基本需求，尽快完成地下水禁采、限采范围划定，严格水资源用途管制。三是以试点建设为突破口，推进水权确权和交易。加快推进水权试点和水流产权确权试点，探索确权具体途径和方式方法，因地制宜将水权明确到取用水户。鼓励引导多种形式水权交易，健全交易规则，培育水权交易市场。

（六）抓好能力建设，夯实水资源管理基础

一要提升监控能力。全面实施国家水资源监控能力建设二期项目，积极开展地方水资源监控能力建设。以农业用水为重点，大幅提高各类取用水计量监控率。二要提升协作能力。完善考核工作机制，充分发挥各部门在考核中的作用。健全部门协作机制，合力推进节水、水资源保护与水污染防治等工作。建立中央、流域和各省水资源管理工作会商机制，协同推进重点工作。三要提升监管能力。加快推进出台“节约用水条例”和“地下水管理条例”。加强基层水资源管理队伍建设，持续开展业务培训，切实提升行业能力和监管水平。

深入推进“十三五”水利改革重点工作

高敏凤

“十二五”时期，在党中央、国务院的正确领导和全社会的共同努力下，水利改革发展取得重大进展，水利改革工作不断深化，取得显著成效。“十三五”时期是全面建成小康社会的决胜阶段，也是有效破解新老水问题、加快推进水利现代化的关键时期，水利改革工作任务依然艰巨。

一、“十二五”水利改革进展情况

“十二五”时期，党中央、国务院相继出台加快水利改革发展、保障国家水安全、实行最严格水资源管理制度、水污染防治行动计划等一系列决策部署，治水理念不断升华，水利投融资、水权水价、水利管理等重要领域和关键环节改革取得积极进展。

创新水利投融资机制。在增加财政水利投入的同时，落实计提土地出让收益用于农田水利建设政策，发放专项建设基金和过桥贷款，加大金融支持力度，开展社会资本参与重大水利工程建设运营试点，积极鼓励和引导社会资本投入。水利行政审批制度改革加快推进。

水行政审批事项由48项减少到22项，精简重大水利项目审批程序，设立水利部行政审批受理中心，行政审批效率进一步提高。水权水价水市场改革稳步推进。调整水资源费征收标准，各地区最低标准平均提高约45%。在27个省份120个县开展农业水价综合改革试点。实行城市居民生活用水阶梯式水价制度。开展水权确权和水权交易试点，推进水市场建设。水利工程建设管理体制改革进一步深化。探索建设项目法人招标、代建制等，项目招投标全面进入公共资源交易市场，率先开展水利建设市场主体信用体系建设。深化国有水管单位体制改革和小型水利工程管理体制改革，开展农田水利设施产权制度改革和创新运行管护机制试点。基层水利服务体系建设得到加强。全国基层水利服务机构达到29351个，发展8.34万个农民用水合作组织和2000多支县级抗旱服务队。

二、“十三五”水利改革面临的形势

当前和今后一个时期，是水利改革发展的关键时期，也是涉水利益关系复杂、水事矛盾增多的凸显时期，水利改革面临新的形势。

如期实现全面建成小康社会宏伟目标、“四个全面”战略布局、适应经济社会发展新常态和树立新的发展理念，对全面深化水利改革提出了新的要求。党的十八届五中全会提出了全面建成小康社会新的目标要求，阐述了创新、协调、绿色、开放、共享五大发展理念，要求以水定产、以水定城，着力深化水利改革，加快破解制约水利科学发展的体制机制障碍，不断激发水利事业的生机与活力。实现我国经济保持中高速增长，加快新型工业化、城镇化、信息化和农业现代化发展，要求大力转变用水方式，着力缓解水资源水环境约束趋紧的矛盾，实现水资源永续利用，促进经济社会可持续发展。

党中央、国务院作出加快水利改革发展一系列决策部署，全社会治水兴水、加快水利发展的热潮空前高涨，深化水利改革、强化水利管理面临难得的机遇。党中央国务院高度重视水利，做出了加快水利改革发展的决策部署，党的十八届五中全会提出完善水利基础设施网络、实行水资源消耗总量和强度双控行动等任务，为“十三五”水利改革指明了方向，要求不断深化水利改革，着力提高水治理能力。中央部署开展全面深化改革以来，各领域改革积极推进，党中央、国务院出台《关于加快推进生态文明建设的意见》等政策措施，推动建立系统完善的生态文明制度体系，为推进水利改革创造了难得机遇。

破解新老水问题，持续解决水利体制机制与经济社会可持续发展不协调、不适应的问题，要求深入推动水利重要领域和关键环节改革攻坚，大力提升治水管水能力和水平，加快建立有利于科学发展的水利制度体系。目前河湖水域岸线仍然存在无序开发、非法侵占现象；水价与水资源紧缺状况不相适应，水利工程尤其是小型水利工程产权制度改革亟待深入推进；水行政执法体系仍不完善，水利管理能力还有待进一步加强。需要全面深化水利改革，在重要领域和关键环节改革上取得实质性突破，加快建立科学完善的水利体制机制。

三、“十三五”水利改革的重点领域及主要工作

“十三五”水利改革总体目标是：到2020年，重要领域和关键环节水利改革取得决定性成果，水利投入稳定增长机制进一步完善，水权水价水市场改革取得重要进展，基本建立用水权初始分配制度，基本形成水利工程良性运行机制；依法治水全面强化，水利创新能力明显增强；水利服务能力和管理能力明显提高。围绕改革目标，“十三五”水利改革的重点领域及主要工作如下。

一是改革完善水治理体制。完善流域管理与行政区域管理相结合的水资源管理体制，探索建立各方参与、民主协商、共同决策、分工负责的流域议事协调机制和高效执行机制，强化流域综合管理在水治理中的职能作用，推进以流域为单元的综合管理，充分发挥流域管理机构在规划管理、防洪调度、水资源配置、河湖管理以及监督考核和综合执法等方面的作用。推进城乡水务一体化管理，统筹城乡水利基础设施建设，推进水利基本公共服务均等化。

二是全面推进水价改革。稳步推进农业水价综合改革，总结试点经验，通过改革农业用水管理体制、完善水价形成机制、建立精准补贴和节水奖励机制、完善计量设施等措施，建立健全合理反映供水成本、水资源稀缺程度，实现农田水利工程良性运行农业水价形成机制。全面实行城镇居民用水阶梯价格制度、非居民用水

超计划超定额累进加价制度，拉开高耗水行业与其他行业的水价差价。健全水资源有偿使用制度，推进水资源费改革，研究征收水资源税，在地下水超采地区先行先试。

三是建立健全水权制度。研究制定国家水权制度改革总体方案，开展水流产权确权试点，加快水权确权、交易试点工作和水权交易制度建设，健全水资源用途管制制度。完善区域用水总量控制指标体系，抓紧制定跨省主要江河水量分配方案，确定区域取用水总量和权益。积极培育水市场，加强水权交易监管，探索多种形式的水权流转方式。探索建立流域上下游、重要水源地、重要水生态修复治理区等水生态保护补偿机制。

四是创新水利投融资机制。继续将水利作为公共财政支持的重点。优化投资结构，创新资金使用方式。落实好土地出让收益计提农田水利建设资金政策。落实水利建设基金筹集和使用管理政策，发挥好政府性水利基金对水利改革发展的支持作用。健全政府和社会资本合作机制，完善投资补助、财政补贴、贷款贴息、收益分配、价格支持等优惠政策，鼓励和引导社会资本通过资产收购、特许经营、参股控股等多种形式参与水利工程建设和运营。加大金融支持水利工程建设力度，创新融资担保、抵押等方式，用好开发性金融、政策性金融等优惠政策，拓宽水利项目融资渠道，发挥金融对水利发展改革的支持作用。

五是深化水利工程建设和管理体制改革。推进水利工程建设管理体制改革，推行水利工程建设项目代建制，因地制宜推行水利工程项目法人招标、设计施工总承包等模式，推动水利工程专业化、市场化、社会化建设管理。创新小型农田水利工程建设管理模式。创新水利工程管理方式，推行水利工程企业化、物业化管理，积极推进水利工程管养分离，由专业化队伍承担工程维修养护和河湖管护。全面推进小型水利工程管理体制和产权制度改革。加强河湖水域管理与保护，全面推行河长制，落实河湖水域空间用途管制。

六是持续提升水利管理能力。建立健全鼓励原始创新、集成创新、引进消化吸收再创新的水利科技体制机制，加强水利科技资源平台共享，大力提高科技在水利发展中的贡献率。完善水利技术标准体系，加强水利技术监督工作。加强基层水利行业能力建设，完善以乡镇或小流域为单元的基层水利服务机构，扶持和发展农民用水合作组织，建立健全基层防汛抗旱、灌溉排水、农村供水、水土保持等专业化服务组织，构建完善的基层水利专业化服务体系。

稳步推进农业水价综合改革

牛志奇

农业是用水大户，也是节水潜力所在。长期以来，我国农业水价形成机制不健全，价格水平总体偏低，不能有效反映水资源稀缺程度和生态环境成本，价格杠杆对促进节水的作用未得到有效发挥，不仅造成农业用水方式粗放，而且难以保障农田水利工程良性运行。为建立健全农业水价形成机制，促进农业节水和农业可持续发展，按照国务院决策部署，2014年10月，国家发展改革委、财政部、水利部、农业部（以下简称四部门）联合在全国27个省（自治区、直辖市）80个县（市、区）开展了深化农业水价综合改革试点工作。通过管理创新、价格调整、财政奖补、技术推广、结构优化、工程配套等综合措施，全面完成试点任务。在总结试点经验基础上，向国务院报送了推进农业水价综合改革的政策文件。2016年1月，国务院办公厅印发《关于推进农业水价综合改革的意见》（国办发〔2016〕2号，以下简称《意见》），对今后一个时期农业水价综合改革作出全面部署，是“十三五”时期推进农业水价综合改革的重要遵循。

一、总体要求

《意见》全面贯彻党的十八大和十八届三中、四中、五中全会精神，强调按照协调推进“四个全面”战略布局要求，牢固树立创新、协调、绿色、开放、共享的发展理念，紧紧围绕保障国家粮食安全和水安全，落实节水优先方针，以完善农田水利工程体系为基础，以健全农业水价形成机制为核心，以创新体制机制为动力，提高农业用水效率，促进实现农业现代化。

考虑到农业水价综合改革情况复杂、涉及面广、工作任务重、制约因素多，《意见》要求坚持综合施策、两手发力、供需统筹、因地制宜，用 10 年左右时间，建立健全合理反映供水成本、有利于节水和农田水利体制机制创新、与投融资体制相适应的农业水价形成机制，促进农业用水方式由粗放式向集约化转变。鼓励农田水利工程设施完善的地区通过 3～5 年时间努力率先实现改革目标。同时，为使目标可衡量、可考核，《意见》提出了农业用水价格水平、农业用水管理、精准补贴和节水奖励机制、农业节水技术措施、种植结构优化调整等五个方面的主要指标要求。

二、主要任务

农业水价综合改革是一项复杂的系统工程，《意见》明确了三大任务。

（一）夯实农业水价改革基础

一是完善供水计量设施。为实行用水总量控制、定额管理和计量收费，确保改革相关机制发挥作用，要加快供水计量体系建设，新建、改扩建工程要同步建设计量设施，尚未配备计量设施的已建工程要抓紧改造，逐步补齐欠账。严重缺水地区和地下水超采地区要尽快配套完善。大中型灌区骨干工程全部实现斗口及以下计量供水，小型灌区和末级渠系根据管理需要细化计量单元，使用地下水灌溉的要计量到井，有条件的地方要计量到户。

二是建立农业水权制度。为形成强有力的倒逼机制，促进节约用水，推动结构调整，要按照灌溉用水定额，逐步把农业用水总量控制指标细化分解到农村集体经济组织、农民用水合作组织、农户等用水主体，落实到具体水源，明确水权，实行总量控制。鼓励开展水权交易，保证用户获得节水收益，强化节水激励。

三是提高农业供水效率和效益。按照供给侧结构性改革要求，加快完善大中小微并举的农田水利工程体系，搞好工程维修养护，为高效供水提供坚实的工程支撑。要强化供水计划管理和调度，建立健全运行机制，提高管理单位运行效率和效益，为高效供水提供强有力的管理支撑。同时，加强水费征收与使用管理，有效传递价格信号，促进节水和工程正常运行。

四是加强农业用水需求管理。把需求管理摆在更加突出位置，因地制宜调整优化种植结构，适度调减存在地表水过度利用、地下水严重超采等问题的水资源短缺地区高耗水作物面积，选育推广需水少的耐旱节水作物，建立作物生育阶段与天然降水相匹配的农业种植结构与种植制度，集成推广节水技术，开展节水农业试验示范和技术培训，提高农民科学用水技术水平。

五是探索创新终端用水管理方式。鼓励发展农民用水自治、专业化服务、水管单位管理和用户参与等多种形式的终端用水管理模式。支持农民用水合作组织规范组建、创新发展，并充分发挥其在供水工程建设管理、用水管理、水费计收等方面的作用，解决用水管理主体缺位问题。推进小型水利工程管理体制改革，将农田水利设施使用权、管理权移交给农民用水合作组织、农村集体经济组织、受益农户及新型农业经营主体，明确管护责任。通过政府和社会资本合作（PPP）模式、政府购买服务等方式，鼓励社会资本参与农田水利工程建设和管护。

（二）建立健全农业水价形成机制

发挥市场对水资源配置的决定性作用，必须完善水价形成机制。

一是分级制定农业水价。按照价格管理权限实行分级管理，大中型灌区骨干工程农业水价原则上实行政府定价，具备条件的可由供需双方在平等自愿的基础上，按照有利于促进节水、保障工程良性运行和农业生产发展的原则协商定价；大中型灌区末级渠系和小型灌区的农业水价可实行政府定价，也可实行协商定价。综合考虑供水成本、水资源稀缺程度以及用户承受能力等，合理制定水价并适时调整。供水价格原则上应达到或逐步提高到运行维护成本水平，确有困难的地区要尽量提高并采取综合措施保障工程良性运行，水资源紧缺、用户承受能力强的地区可提高到完全成本水平。

二是探索实行分类水价。考虑到粮食作物、经济作物、养殖业等在用水量、保证率、生产效益等方面存在差异，加之各地农业发展政策不同，可区别用水类型探索实行分类水价，用水量大或附加值高的经济作物和养殖业用水价格可高于其他用水类型。对于地下水超采区，要采取有效措施，使地下水用水成本高于当地地表水，促进地下水采补平衡和生态改善。

三是逐步推行分档水价。在明确价格水平、实行分类水价的同时，为进一步强化水价激励约束作用，逐步实行超定额累进加价制度，合理确定阶梯和加价幅度。用水量年际变化较大的地区可实行基本水价和计量水价相结合的两部制水价，用水量受季节影响较大地区可实行丰枯季节水价，调节用水峰谷。

（三）建立精准补贴和节水奖励机制

农业水价综合改革涉及农民切身利益，关系水安全和粮食安全。在完善农业水价形成机制促进节水的同时，必须发挥政府作用，多渠道筹集资金实施精准补贴和节水奖励。

一是建立精准补贴机制。要建立与节水成效、调价幅度、财力状况相匹配的农业用水精准补贴机制。补贴标准根据定额内用水成本与运行维护成本的差额确定。可以根据工程运行维护成本缺口，对水管单位、用水合作组织等进行补贴，分担部分用水成本，在提价幅度不大的情况下，保证工程正常运行；也可以在水价提高后，对种粮农户定额内用水予以补贴，在保护种粮积极性的同时，激励农户采取节水措施将用水量控制在定额内。

二是建立节水奖励机制。逐步建立易于操作、用户普遍接受的农业用水节水奖励机制，根据节水量对采取节水措施、调整种植结构节水的规模化经营主体、农民用水合作组织和农户给予奖励，使节水者获得效益，提高用户主动节水的意识和积极性。

三、保障措施

为推动各项政策措施落实，重点做好三个方面工作。

一是落实地方责任。《意见》明确省级人民政府对本行政区域农业水价综合改革工作负总责，要求切实加强领导，结合实际制定具体实施方案，明确改革时间表和分步实施计划，细化年度改革目标任务，建立健全工作机制，抓好各项措施落实。其中，制定好的实施方案和年度实施计划尤为关键，这是各地农业水价综合改革的行动指南，也将成为考核评价改革工作的基本依据。

二是加强指导协调。为统筹推动改革，《意见》明确四部门认真履行职责，强化协调配合，加大对各地改革工作的指导和支持力度，每年向国务院报告进展情况。四部门将建立农业水价综合改革信息报送制度，把改革成效作为农业水价综合改革工作目标考核的重要内容，与中央财政农田水利资金分配挂钩。

三是强化宣传引导。农业水价综合改革任务复杂艰巨，必须统一思想、凝聚共识，尤其是赢得广大农民群众的理解和支持。《意见》要求各有关部门和地方各级人民政府做好改革的政策解读，加强舆论引导，强化水情教育，引导农民树立节水观念、增强节水意识、提高有偿用水意识和节约用水的自觉性，为推进农业水价综合改革创造良好社会环境。

加快完善水利基础设施网络

乔建华

水利是国民经济和社会发展的重要基础设施，《中共中央关于制定国民经济和社会发展第十三个五年规划的建议》将水利作为需加快完善的八大基础设施网络之首。《国民经济和社会发展第十三个五年规划纲要》单设一章对强化水安全保障进行部署。“十三五”期间水利基础设施建设，必须立足于保障国家水安全这条主线，推进水资源科学开发、合理调配、节约使用、高效利用，优化水资源配置格局，完善综合防洪减灾体系，保护水环境、修复水生态，着力保障防洪安全、供水安全、粮食安全和生态安全。

一、完善江河综合防洪减灾体系

经过多年的防洪工程建设，目前我国已基本形成以堤防、水库、蓄滞洪区等为重点的大江大河干流防洪减灾体系，大江大河重要河段已基本具备防御新中国成立以来发生的最大洪水能力，重要城市防洪标准达到100～200年一遇。但我国的自然地理、气候条件、人口及生产力布局决定我国防洪保安仍面临较大压力。随着气候变化和极端天气事件增多，流域性大洪水、局部强降雨、山洪、内涝、干旱等灾害时有发生，暴露出我国流域防洪减灾体系仍不完善。

《规划》按照到2020年基本建成防洪抗旱减灾体系的总体要求，明确了“十三五”的发展目标，主要包括大江大河重点防洪保护区达到流域规划确定的防洪标准，城市防洪排涝设施建设明显加强，主要海堤达到国家规范设定的标准，中小河流重要河段防洪标准、主要低洼易涝区排涝标准分别达到10～20年一遇和5～10年一遇，山洪灾害重点区域基本形成非工程措施与工程措施相结合的综合防御体系，全国洪涝灾害年均直接经济损失占同期GDP的比重控制在0.6%以内。

《规划》从以下三个方面作出了重点部署：一是加强江河治理骨干工程建设，提升防御流域大洪水的能力。继续推进控制性枢纽、大江大河治理和蓄滞洪区安全建设，逐步完善以堤防为基础，控制性枢纽为骨干，干支流水库、蓄滞洪区、河道整治相结合的大江大河大湖防洪工程体系。二是加强防洪薄弱环节建设，提高应对局部强降雨的能力。针对2016年大水暴露出来的突出问题，根据国务院的决策部署，集中力量加快中小河流治理、小型病险水库除险加固、重点区域排涝能力建设、农村基层防汛预报预警体系建设，补齐水利防灾减灾短板。三是完善防洪非工程措施，增强洪水预报、调度和应急能力。加快建成国家防汛抗旱指挥系统，完善水文监测站网体系，强化洪水风险管理，加强防汛抗旱抢险队伍和物资储备能力建设，工程措施与非工程措施相结合，综合防御水灾害。

二、优化水资源配置格局

新中国成立以来，我国已初步建成了大中小微结合的供水工程体系，已建及在建水库达到9.8万余座，总库容约9300亿立方米；南水北调东、中线一期工程建成通水，“四横三纵、南北调配、东西互济”的水资源配置格局逐步形成，全国水利工程年供水能力超过7000亿立方米，较新中国成立初增加6倍多，中等干旱年份可以基本保证城乡供水安全。但由于我国国情水情特点，目前一些地区水供求态势仍显紧张，部分城市水源单一，许多中小城镇缺乏稳定可靠的水源保障，农村饮水安全保障水平尚需巩固提升，加之水资源利用效率和效益不高，水资源约束趋紧矛盾尚未有效缓解。

《规划》按照到2020年基本建成水资源合理配置和高效利用体系的总体要求，明确了“十三五”的发展目标，主要包括全国新增供水能力270亿立方米，城镇供水保证率和应急供水能力进一步提高，城镇供水水源地水质全面达标，推动城镇供水设施向农村延伸。农村自来水普及率达到80%以上，农村集中式供水工程供水率达到85%以上，水质达标率和供水保障程度进一步提高。

《规划》从以下四个方面作出了重点部署：一是坚持“三先三后”（先节水后调水、先治污后通水、先环保后用水）原则，深入做好引调水工程前期论证工作，推进一批重大引调水工程和河湖水系连通骨干工程建设，疏通水资源调控动脉，提高区域水资源水环境承载能力，保障重要经济区和城市群供水安全。二是在有条件的地区建设一批骨干水源工程，解决我国许多城镇直接从河道取水、供水水源单一、保障程度低的问题，提高重点地区、重点城市和粮食主产区的供水安全保障能力。三是因地制宜建设一批抗旱水源工程，积极推进城市应急和备用水源工程建设，加大雨洪资源、海水、再生水等非常规水源开发利用力度。四是继续实施农村饮水安全巩固提升工程，综合采取改造、配套、升级、联网等方式，进一步提高农村集中供水率、自来水普及率、供水保证率、水质达标率。

三、夯实农田水利基础

农田水利设施是保障我国粮食安全的重要基础，到“十二五”末，我国农田有效灌溉面积达到9.88亿亩，节水灌溉面积4.67亿亩，以占全球6%的淡水、9%的耕地，解决了约占全球20%人口的吃饭问题，支撑了我国经济社会的快速发展。但由于历史欠账等原因，我国农田水利建设仍显滞后，主要表现为：一方面农业是我国的用水大户，农业用水约占65%，农业用水效率效益不高，与节水型社会建设、现代农业发展的要求不相适应。另一方面当前我国农田水利设施依然不足，现有耕地仍有一半是没有灌溉设施的“望天田”。随着农田水利工程逐渐增多，工程管护跟不上，工程老化失修、配套不全等问题也越来越突出，难以满足高标准农田的建设要求。同时，《建议》和《纲要》提出实施藏粮于地、藏粮于技的战略，也要求进一步加强农田水利建设，提高水利对粮食安全的支撑和保障能力。

《规划》重点从农业节水、发展灌溉面积、农业灌溉计量等三个方面提出目标要求，主要包括：到2020年，完成434处大型灌区续建配套和节水改造规划任务。新增农田有效灌溉面积3000万亩。发展高效节水灌溉面积1亿亩，农田灌溉水有效利用系数提高到0.55以上。大型灌区和重点中型灌区农业灌溉用水计量率达到70%以上。

《规划》从以下四个方面作出了重点部署：一是加大大中型灌区节水改造力度。完成434处大型灌区续建配套和节水改造任务，推进中型灌区节水改造，开展大中型灌区现代化改造试点，完善灌排设施体系，提高输配水效率。二是大力发展高效节水灌溉。以西北节水增效、华北节水压采、南方节水减排等区域规模化高效节水灌溉建设为重点，因地制宜发展低压管道输水灌溉、喷灌和微灌，突出抓好粮食主产区、生态环境脆弱区、水资源开发过度区等重点地区高效节水灌溉工程建设。三是新建一批大型灌区。在东北平原、长江上中游等水土资源条件较好地区，规划建设一批节水型、生态型大型灌区，发展灌溉面积，提高粮食产能和农业综合生产能力。四是加强中小型农田水利建设。加强田间渠系配套、“五小水利”工程等小型农田水利设施建设，打通农田水利“最后一公里”。着力加强农业灌溉计量设施建设，完善灌区计量设施体系。

四、加强水生态综合治理

近年来，按照党中央、国务院关于推进生态文明建设的部署和要求，水生态文明建设积极推进，水土资源保护能力不断提高，生态脆弱河湖生态环境得到改善。但由于我国国情水情特点，加之受限发展阶段和发展方式，水生态环境恶化趋势尚未得到根本扭转，主要表现为水环境恶化、水生态损害、水土流失等问题突出。

《规划》按照到2020年基本建成水资源保护和河湖健康保障体系的总体要求，明确了"十三五"的发展目标，主要包括：全国重要江河湖泊水功能区水质达标率达到80%以上；河湖生态环境水量基本保障，河湖水域面积不减少，水生态环境状况明显改善；新增水土流失综合治理面积27万平方公里；地下水超采得到严格控制，严重超采区超采量得到有效退减。

《规划》从以下四个方面作出了重点部署：一是实施重点河湖水生态修复与治理。以京津冀"六河五湖"(永定河、滦河、北运河、大清河、潮白河、南运河和白洋淀、衡水湖、七里海、南大港、北大港)、西北内陆河、重要湿地等为重点，综合运用强化水资源统一配置与管理、河道治理、清淤疏浚、生物控制、自然修复、截污治污等措施，推进生态敏感区、生态脆弱区、重要生境和生态功能受损河湖的生态修复。二是因地制宜实施河湖水系连通工程。尊重自然规律和经济规律，在保护生态的前提下，以自然河湖水系、调蓄工程和引排工程为依托，科学规划、合理布局，推进河湖水系连通工程建设。三是加强水土保持生态建设。加强西北黄土高原区、东北黑土区、西南岩溶区等重要江河源头区、重要水源地和水蚀风蚀交错区，以及革命老区、民族地区、边疆地区、贫困地区等重点区域水土流失防护和治理。实施清洁小流域建设，加强坡耕地、侵蚀沟及崩岗综合整治。四是加强地下水超采区综合治理。通过强化节水、水源置换、种植结构调整以及水价改革等非工程措施，对地下水超采较严重的京津冀晋等地区开展地下水超采区治理与修复，压减地下水超采量，逐步实现地下水采补平衡。

全面提升防汛抗旱应急管理能力

李坤刚

“十二五”期间，我国洪涝干旱灾害频发重发，长江上游、黄河上游、嫩江松花江黑龙江、辽宁浑河上游、京津冀等地均发生严重暴雨洪水灾害，有34个台风登陆我国沿海，西南、长江中下游、东北、华北及黄淮部分地区发生严重旱情。在党中央、国务院的高度重视和正确领导下，各级党委、政府和防汛抗旱指挥部强化措施、主动应对，广大军民众志成城、团结抗灾，奋力夺取了“十二五”防汛抗旱斗争的重大胜利，最大程度保障了人民生命财产安全。与此同时，防洪工程建设、防汛抗旱应急管理和队伍建设取得长足进步，为做好“十三五”时期防汛抗旱打下坚实基础。

一、“十二五”期间防汛抗旱能力建设进展情况

“十二五”期间，全国洪涝、干旱灾害年均损失率分别为0.4%、0.15%，远低于“十二五”规划确定的0.7%、1.1%的目标。在做好洪涝和干旱灾害应急处置的同时，全面加强防汛抗旱能力建设。

防汛抗旱机构队伍和责任体系更加健全。完善了中

央、流域、省、市、县五级防汛抗旱指挥机构，部分省（自治区、直辖市）探索设立了乡镇、社区一级的防汛抗旱指挥机构。初步建立了防汛抗旱督察制度，国家防总和15个省级防指设立了防汛抗旱督察专员岗位。以地方行政首长负责制为核心的责任体系不断完善。防汛抗旱方案预案体系不断完善。国务院批复了长江、黄河和松花江防御洪水方案，国家防总批复了长江、黄河、松花江、珠江、太湖、韩江、汉江、北三河、漳卫河、沂沭泗等洪水调度方案以及黄河、淮河、珠江、松花江、太湖等水量应急调度预案，每年组织编制三峡水库和长江上游水库群的联合调度方案。流域防总和地方各级防指进一步完善了各级各类防汛抗旱方案预案。调度工作不断增强。科学调度了三峡、丹江口、小浪底、陆浑、故县、尼尔基、丰满、白山、察尔森、太浦闸、望亭和常熟水利枢纽等工程拦洪削峰、排泄洪水；组织实施了引黄入冀、引黄济津、引江济太、引黄入南四湖和珠江枯水期水量调度。流域防总和地方各级防指都精心调度水利工程，拦洪削峰和抗旱调水，发挥了巨大的防洪抗旱减灾作用。应急队伍建设和物资保障能力得到加强。19支解放军抗洪抢险专业应急部队、武警水电抢险部队和1万多支地方防汛机动抢险队抢险实力不断增强，人数达90万；中央投入财政资金42.88亿元，支持2144支县级抗旱服务队购置抗旱设备，各级抗旱服务组织队伍已达12万人。中央防汛抗旱物资仓库增加至29处、中央储备物资6亿元，各地和各流域机构共储备物资价值达140亿元。山洪灾害防御体系初步建立。投入250.36亿元开展山洪灾害防治项目建设，初步建成了覆盖全国2058个县、受益人口达3亿的山洪灾害监测预警系统和群测群防体系。抗旱应急水源工程启动建设。2011年11月国务院批复了《全国抗旱规划》，2014—2015年中央财政共投入200亿元，在25个省（自治区、直辖市）开展了193座小型水库、3217眼抗旱应急备用井、2206处引调提水工程建设。洪水风险管理取得新进展。编制完成了227处重点防洪保护区、78处国家蓄滞洪区、26处洪泛区、45座重点和重要防洪城市、198处重要中小河流重点河段等42万平方公里的洪水风险图。初步建立了洪水影响评价管理机制，审批了北京新机场等近100个建设项目的洪水影响评价报告。国家防汛抗旱指挥系统建设平稳推进。国家防汛抗旱指挥系统一期工程于2011年全面建成，总投资8.02亿元。2014年启动了二期工程建设，计划投入12.08亿元，正按建设计划实施，带动全国水利信息化建设向前发展作用显著。

二、防汛抗旱工作存在的主要问题

虽然防汛抗旱工作取得了很大成就，但也还存在一些突出问题和薄弱环节：

一是工程体系仍然不够完善。大江大河部分河段尚未达到规划防洪标准，蓄滞洪区安全建设滞后，城市防洪排涝能力偏低，中小河流洪水和山洪灾害防御能力仍需加强，部分地区抗旱应急备用水源匮乏。二是应急能力仍然存在短板。部分基层机构不落实，或职责不够明确、或人员不够到位、或应急处置机制不够健全、或预案体系不够完善，难以满足工作需要。基层防汛机动抢险队和抗旱服务组织大多缺乏稳定投入和良性运行机制，服务能力受限。三是社会管理仍然有待加强。部分干部群众水患意识较为薄弱，工矿企业、边远地带和流动人口防洪安全管理亟待加强。一些地方违法开发建设、人水争地现象屡禁不止。四是监测预报仍然精度不高。局地突发性强降雨的监测预报能力不强，山洪灾害监测预警仍需完善，旱情监测站量少点稀，旱情分析评估能力仍然不足。五是现代科技仍然应用不足。新技术、新设备、新材料的研究开发与推广应用亟需加快，防汛抗旱现代化、信息化水平亟待提高。

三、“十三五”防汛抗旱重点任务

“十三五”时期，防汛抗旱工作将全面贯彻落实党的十八大和十八届三中、四中、五中和六中全会精神，积极践行《中共中央 国务院关于推进防灾减灾救灾体制机制改革的意见》和中央新时期治水方针，围绕防汛抗旱减灾工程体系、法规制度体系、组织指挥体系、应急管理体系、社会保障体系和技术支撑体系等“六大体系”建设，重点做好六个方面的工作。

一是进一步夯实防汛抗旱工程基础。进一步加强大江大河大湖治理，强化崩岸治理和岸线守护，建设流域防洪控制性工程，加强连江支堤和支流重要堤防达标建设，提高江河整体防洪能力。加快河湖水系连通工程建设，扩大行洪能力，增强水资源调配能力。加强蓄滞洪区建设与管理，完善运用补偿机制。继续推进中小河流重点河段和山洪沟治理、病险水库水闸除险加固，完善防洪工程体系。加快以海堤达标建设为主的防台风工程体系建设。加强城市防洪排涝工程体系建设，结合地下综合管廊建设，逐步提高防洪排涝标准。大力推进重大骨干水源工程建设，加快大型灌区、重点中型灌区续建配套和节水改造，加大小型农田水利设施建设力度，扩大农田有效灌溉面积。

二是进一步健全防汛抗旱制度体系。继续完善防汛抗旱相关法律法规体系，强化已颁布法规文件的贯彻落实，组织指导各地制订配套规章和地方性法规、文件。抓紧编制修订各级各类防汛抗旱预案和调度方案，重点抓好基层单位防汛抗旱预案的编制，进一步提高预案的可操作性、实用性和针对性，加强预案的培训演练。进一步完善防汛抗旱督察制度，加强全国各级防汛抗旱督察队伍建设，健全完善防汛抗旱督察体系，加大对汛前工作准备、汛期应急处置、灾后恢复重建以及各项防汛抗旱专项工作实施等关键环节和重点工作的督察力度，督促各级责任人全面履职尽责。

三是进一步增强基层灾害防御能力。不断完善基层防汛抗旱组织体系，强化各级防汛抗旱指挥部的机构建设、队伍建设、设施建设和保障措施，将防汛抗旱指挥机构向乡镇、社区及村屯延伸。继续开展山洪灾害防治相关工作，建设完善山洪灾害监测预警系统和群测群防体系，增强基层山洪灾害综合防御能力。开展基层防汛预报预警体系建设，切实提高基层政府防灾减灾指挥决策现代化水平，不断提高山丘区群众避险自救能力。加强小型水库、引调提水、应急备用井等抗旱应急水源工程建设，继续完善抗旱备用水源体系，推进旱情监测预警系统和抗旱管理服务体系等抗旱非工程措施建设，有效提高抗旱应急保障能力。

四是进一步规范防汛抗旱社会管理。抓紧制定完成《洪水风险图管理与应用办法》，逐步建立健全洪水风险图分级、分类使用管理制度，加大洪水风险图成果应用推广宣传力度，开展洪水风险图应用试点。加强洪水保险有关政策措施的调研和制定，鼓励地方积极开展防洪工程纳入商业保险工作。优化城市洪涝灾害应急管理体制，完善运作机制，规范城市防洪应急预案管理，提高城市洪涝灾害监测预警和处置能力。健全分级负责、协调统一的洪水影响评价管理机制，制止各类随意侵占洪泛区、蓄滞洪区建设行为，加强洪泛区、蓄滞洪区非防洪建设项目洪水影响评价管理。加强防汛抗旱新闻宣传，健全完善重要信息发布和负面不实信息回应等应急宣传机制，完善新闻发言人制度。加强防灾减灾科普知识宣传，引导群众科学合理防灾避险。

五是进一步强化防灾应急保障能力。加强防汛抗旱应急队伍建设，充分发挥解放军和武警部队力量，完善整合现有队伍，构建国家级、省级、地市级、县级和基层群众组织五个层次、覆盖全国的防汛抢险力量体系，加强队伍运行管理体制机制研究，保障队伍良性运行、人员相对稳定和可持续发展。结合《全国抗旱规划》的实施，重点发展县级抗旱服务队，因地制宜发展乡镇级抗旱服务队，鼓励发展村级抗旱协会和农民抗旱专业户，逐步构建完善的社会化抗旱服务网络体系和良性运行机制，鼓励和扶持抗旱服务组织开展形式多样的社会化服务。增加中央和地方防汛抗旱物资储备数量，优化储备物资布局和品种，提高储备物资科技含量，逐步构建中央、省、市、县四级防汛抗旱物资储备体系。

六是进一步提升防汛抗旱科技水平。加快国家防汛抗旱指挥系统二期工程建设，进一步提高监测预警能力，提升暴雨洪水预报精度，拓展旱情监测预警范围，提高旱情分析能力，开展重点防洪工程险情监测预警系统建设试点，建设重点省区无人机监测预警中心。强化山洪灾害防治监测预警系统、洪水风险图、防汛抗旱指挥系统等应用系统的资源整合力度，实现防汛抗旱数据云存储，为科学指挥决策提供基础保障。加强新技术、新材料、新设备的推广应用，利用云计算、物联网、大数据、移动互联等“互联网+”信息技术，进一步提升防汛抗旱指挥决策能力和现代化水平。

大规模推进农田水利建设

王爱国

党中央、国务院高度重视农田水利工作，“十二五”特别是党的十八大以来，坚持把农田水利作为农业农村基础设施建设的重中之重，不断加大政策扶持、资金支持和改革推动力度，有力促进了农田水利新发展。

一、“十二五”农田水利改革发展主要措施及成效

到2015年底，全国建成大中型灌区7700多处、小型农田水利工程2200多万处，灌溉面积达10.8亿亩，农田有效灌溉面积达9.88亿亩，全国节水灌溉工程面积达4.67亿亩，其中高效节水灌溉面积2.69亿亩，农田水利设施的不断完善，为全国粮食产量“十二连增”和农民增收“十二连快”提供了有力支撑。

（一）农田水利资金投入和工程建设力度加大

以公共财政为主的多元化投入成倍增长。“十二五”通过水利口安排的中央农田水利投资1630亿元，是“十一五”的3.7倍。地方通过加大财政投入、落实土地出让收益计提10%农田水利建设资金等，农田水利建设投资也大幅增长。同时，通过完善“以奖代补”以

及出台引导民间资本投入、金融支持等政策，农田水利投资渠道不断拓宽，社会资本和信贷资金规模在农田水利投资中的比重超过10%。大中型灌区配套改造与建设加快实施。安排投资对规划内的344处大型灌区和643处重点中型灌区进行节水配套改造，对192处大型灌排泵站实施更新改造，目前规划内434处大型灌区、2157处重点中型灌区和251处大型灌排泵站，分别有291处、1003处和183处完成规划中央投资。新建尼尔基、东北三江平原等24处大型灌区。小型农田水利设施建设全面加强。以田间渠系配套、“五小水利”工程建设、农村河塘清淤整治等为重点，实施2450个县次的小农水重点县和256个小农水项目县建设，整乡整村推进农田水利设施建设，基本覆盖主要农牧业县，并向易旱山丘区、集中连片贫困区倾斜。冬春农田水利基本建设蓬勃开展，连年超额完成计划任务。“十二五”期间，全国净增有效灌溉面积8300万亩，改善灌溉面积2.8亿亩，新增粮食综合生产能力530亿千克。

（二）节水灌溉发展加速

认真落实节水优先根本方针。发布了《国家农业节水纲要（2012—2020年）》，从宏观层面和空间布局上对大力推进农业节水作出部署安排。大力推进区域规模化高效节水灌溉发展。先后启动实施东北节水增粮、西北节水增效、华北节水压采、南方节水减排等区域规模化高效节水灌溉工程建设。继续实施规模化节水灌溉增效示范和牧区节水灌溉示范项目建设。因地制宜推广不同发展模式。通过项目带动、政策扶持、开展国家高效节水灌溉示范县创建、探索建立农业节水倒逼和激励机制等，推动各地因地制宜发展节水灌溉。“十二五”期间全国新增高效节水灌溉面积1.2亿亩，农田灌溉水有效利用系数达到0.532。

(三) 农田水利科学发展基础更加坚实

规划和标准体系不断完善。组织编制现代灌溉和牧区水利发展规划，以及4个区域规模化高效节水灌溉发展总体方案和“十三五”农田水利专项规划等，相关目标纳入水利改革发展“十三五”规划。县级农田水利建设规划对项目和资金的统筹整合作用明显。完善了农田水利技术标准体系。科技支撑明显加强。加强农田水利基础研究以及适合国情的高效节水灌溉技术和装备的研发、集成和推广应用。开展农田灌溉水有效利用系数测算分析与考核工作。农田水利信息化建设与应用加快推进。依法治水管水不断加强。积极推动《农田水利条例》出台。完善农田水利各类项目建设管理制度，强化监督检查、考核评估和奖优罚劣，规范了项目建设管理。

(四) 农田水利重点环节改革不断深化

建设管理模式加快创新。规模以上工程实行“四制”管理。对小型农田水利工程，推行“先建后补、以奖代补”“社会公示、群众参与”“自主申报、竞争立项”等行之有效的机制，形成了政府主导、规划统筹、农民参与、社会协同的工作格局。社会资本投入逐步破题。水利部出台了《鼓励和引导民间资本参与农田水利建设实施细则》。各地引入社会资本参与农田水利建设、管理与运营试点初见成效，云南省陆良县恨虎坝灌区等农田水利改革试点的经验得到借鉴推广和创新完善。产权制度改革加快推进。在巩固灌区、泵站等水管体制改革成果的同时，会同国家发展改革委、财政部在全国100个县开展了农田水利设施产权制度改革和创新运行管护机制试点并取得阶段性成果。总结推广安徽、山东“两证一书”等推进产权制度改革经验，全国已有近一半的小型农田水利工程完成产权制度改革。工程管护经费加快落实。争取财政支持，从2012年起，中央财政从统筹的土地出让收益计提农田水利建设资金中拿出20%，对各地农业灌排工程运行管护费用给予补助，已累计投入73亿元，推动地方采取财政适当补助、水费计提以及受益者分摊等措施切实落实工程管护经费。

（五）基层水利服务体系建设迈出新步伐

基层水利服务机构及其能力建设加快推进。会同有关部门或独立出台指导意见，督促各地完成29351个乡镇（流域）水利站新设或恢复任务，94.6%的水利站人员经费纳入县级财政预算，基层水利服务机构能力建设得到加强。农民用水合作组织多元化发展。联合国家发展改革委、民政部、农业部、国家工商总局印发《关于鼓励和支持农民用水合作组织创新发展的指导意见》，全国共发展农民用水合作组织8.34万个，管理灌溉面积2.94亿亩。专业化服务组织不断发展壮大。着力培育发展以防汛抗旱、灌溉排水等为主的专业化服务队伍，积极探索农田水利工程专业化物业式管理。

二、"十三五"农田水利改革发展思路和任务

针对当前农田水利设施不足与老化失修并存、投入明显不足、重建轻管、基层水利服务能力较弱等突出问题，党的十八届五中全会通过的《中共中央关于制定国民经济和社会发展第十三个五年规划的建议》和十二届全国人大四次会议通过的《国民经济和社会发展"十三五"规划纲要》都把水利摆在八大基础设施网络建设的首要位置，明确要求大规模推进农田水利建设。"十三五"期间，我们将全面落实党中央、国务院兴水惠民决策部署，牢固树立新发展理念，着力践行新时期水利工作方针，大规模推进农田水利建设，加快推进区域规模化高效节水灌溉，创新和完善农田水利发展体制机制，到 2020 年基本建成与保障国家粮食安全和全面建成小康社会相适应的现代农田水利保障体系。

（一）政府主导，进一步加大农田水利投入

坚持两手发力，在进一步加大各级财政投入、落实好相关支持政策以及强化规划有效统筹整合不同渠道农田水利资金和项目的同时，完善竞争立项、以奖代补、先建后补机制，出台价格、税费、金融、风险补偿等改革措施，利用好开发性金融资金，鼓励和吸引社会资本、各类受益主体参与农田水利工程建设、管理与运营。

（二）统筹规划，协同推进农田水利工程建设

坚持系统治理，把农田水利作为农业供给侧结构性改革的重点任务，完善相关规划体系，加快补齐补强农

田水利短板，提高工程建设质量、水平与效益，为实施藏粮于地藏粮于技和粮食安全战略、促进农业转型升级打好水利基础。加快灌排骨干工程建设与配套改造，加强田间渠系配套、“五小水利”工程、农村河塘清淤整治等小型农田水利工程建设，持之以恒开展冬春农田水利兴修，协调推进大中小微农田水利工程建设与配套。开展灌区现代化改造，加强信息化建设与应用，推进灌溉智能化和农田水利现代化。到2020年，完成大型灌区和重点中型灌区续建配套与节水改造规划任务，全国新增农田有效灌溉面积3000万亩。

（三）节水优先，全力推进农业节水和节水灌溉

坚持节水优先，把推进农业节水和发展节水灌溉作为方向性、战略性大事来抓，加大投入和政策扶持力度，因地制宜推广普及喷灌、微灌、管道输水等先进适用节水灌溉技术，全面实施西北节水增效、华北节水压采、南方节水减排等区域规模化高效节水灌溉行动，谋划建设一批国家农业节水示范工程。推行灌溉用水总量控制和定额管理，完善农业水权与水市场，推进农业水价综合改革，建立节水奖惩激励与倒逼机制。加强基础研究与技术攻关，强化灌溉试验和技术服务支撑，注重节水灌溉工程与农艺、农机、生物、管理等节水措施相结合，不断提高农业用水效率与效益。“十三五”期间全国新增高效节水灌溉面积1亿亩，到2020年农田灌溉水有效利用系数提高到0.55以上。

（四）创新机制，全面深化农田水利改革

以创新农田水利建设组织发动、资金投入、建设管理、运行管护等四项机制为重点，进一步深化农田水利改革。坚持先建机制、后建工程，把工程管护放在更加突出的位置，下大力气扭转农田水利工程重建轻管的局面。以“产权明晰、权责落实、经费保障、管用得当、持续发展”为目标，加快农田水利设施产权制度改革和创新运行管护机制，落实管护主体、责任和经费，实现工程长效良性运行。

（五）完善体系，提升基层水利服务能力和水平

2017 年基本完成基层水利服务机构标准化建设任务，进一步强化公益性职能，提升服务能力。支持农民用水合作组织多元化创新发展。积极培育防汛抗旱、灌排服务等专业化服务队伍，着力推进农田水利工程专业化社会化物业式管理。

（六）依法治水，抓好《农田水利条例》贯彻实施

加大《农田水利条例》宣贯落实力度，制定配套政策措施和办法。加强《条例》贯彻落实监督检查和评估。鼓励和指导各地将农田水利建设与管理实践中行之有效的制度、做法和经验上升为法律制度。健全完善农田水利相关技术标准和项目管理制度，推进农田水利法治化。强化农田水利建设管理监督检查、考核评价与问责问效。

加强水土保持生态建设

蒲朝勇

《水利改革发展“十三五”规划》明确提出，加强水土保持生态建设，建立健全水土保持监管体系，强化水土保持动态监测，提高水土保持信息化水平和综合监管能力。这是水利部党组在深刻把握我国基本国情水情和经济发展新常态，准确研判“十三五”时期水土保持改革发展形势的基础上，按照创新、协调、绿色、开发、共享的发展理念，针对水土保持工作提出的指导方针和战略举措。

一、“十二五”水土保持生态建设进展

“十二五”时期，是我国水土保持发展进程中极不平凡的五年。围绕贯彻落实党中央、国务院关于加快推进生态文明建设和体制改革的总体部署，各级水保部门顽强拼搏、务实开拓，推动水土保持工作取得重要进展和显著成效，谱写了水土流失防治的新篇章。

水土保持法制建设更加完备。水土保持法修订后正式施行，水土保持补偿费征收使用管理办法等一批国家和地方配套制度相继出台。全国有29个省份修订了省级水土保持法实施办法或条例，23个省份出台了省级

水土保持补偿费管理办法。水土流失重点治理持续推进。“十二五”期间，全国共完成水土流失综合治理面积 26.6 万平方公里，圆满完成了“十二五”规划目标。长江黄河上中游、丹江口库区及上游、京津风沙源、西南岩溶区、东北黑土区等重点区域水土流失治理和生态清洁小流域建设继续推进，全国有 700 多个县实施了国家水土保持重点工程。水土保持社会管理明显提升。“十二五”期间，全国共开展水土保持执法检查近 6 万次，完成生产建设项目水土保持设施验收 3 万多项。全国累计有 13 万个生产建设项目编报了水土保持方案，依法落实水土流失防治资金 6000 多亿元，减少人为水土流失 6 亿多吨。水土保持发展基础更加坚实。“十二五”期间，国务院批复《全国水土保持规划（2015—2030 年）》，第一次全国水利普查水土保持情况普查成功开展，覆盖全国的水土保持监测网络基本形成。全国水土保持国策宣传教育不断深化，60 个国家水土保持生态文明工程、104 个科技示范园和 24 个中小学教育基地相继建成，水土保持进党校活动在全国 62 个地市率先启动，全社会水土保持意识明显提高。

虽然“十二五”期间水土保持成效显著，但水土流失治理任务仍然艰巨，目前全国水土流失总面积为 294.91 万平方公里，其中水力侵蚀面积仍有 129 万平方公里，有 2400 万公顷坡耕地和 96 万条侵蚀沟亟待治理。同时，人为水土流失防治压力大，水土保持监测和信息化工作急需持续推进，公众水土保持意识有待进一步提高。

二、新形势新要求

党的十八届五中全会确立了创新、协调、绿色、开放、共享五大发展理念，党中央、国务院做出一系列决策部署进一步加强生态文明建设，这些都对水土保持工作提出了新要求。落实生态文明建设要求，水土保持必须充分发挥生态自然修复作用，把新发展理念融入水土保持各项工作之中。落实全面建成小康社会要求，加快水土流失治理，有效保护水土资源，改善农业生产条件和生态环境，带动山丘区群众脱贫致富，为全面建成小康社会提供支撑和保障。落实全面深化改革要求，有序推进行政审批改革，做到简政放权、放管结合、优化服务同步推进。落实全面推进依法治国要求，坚持依法防治水土流失，增强法制观念，在水土保持工作中全面做到依法履职、依法决策、依法执政和依法监督。落实城镇化、信息化、农业现代化和绿色化要求，加强水土保持监管和水土保持信息化，建设美丽乡村，推动国家生态文明建设和水土资源可持续利用。

三、“十三五”水土保持生态建设总体思路和主要任务

（一）总体思路

“十三五”期间，基本建成与经济社会发展相适应的水土流失综合防治体系，重点防治地区水土流失得到有效控制和减少，新增水土流失治理面积 27 万平方公里，生态环境进一步好转。全国水土保持法律法规体系

和水土保持法配套法规进一步完善，监督执法能力进一步增强，人为水土流失得到有效控制。水土保持监测及信息化建设全面推进，体制改革和机制创新不断深入，水土保持社会管理、公共服务能力和行业发展水平进一步提升。

（二）主要任务

一是大力加强预防保护。更加注重自然修复，全面加强林草植被保护和水土保持设施管护，推动江河源头区、水风蚀交错区水土流失预防保护。全面落实水土保持法，加强生产建设项目管理，严格执行水土保持“三同时”制度，坚决保护地貌植被和生态原真性，从源头上严控人为水土流失和生态破坏，维护生态系统稳定。

二是扎实推进综合治理。着力构建由地方政府负责、水利部门组织协调、相关部门协作配合、社会广泛参与的水土保持大格局。在继续推行村民自建方式的基础上，开展以奖代补试点，督促指导地方出台更具可操作性的鼓励民间资本参与优惠政策，充分调动社会力量和治理区群众参与水土流失治理积极性。加强部委协作，发挥各部门作用，共同完成“十三五”新增水土流失综合治理面积27万平方公里、坡耕地改造2000万亩的目标任务。积极推进生态清洁小流域建设，减轻农业面源污染，增强水源涵养和水质维护功能。围绕精准脱贫要求，进一步加大贫困地区、革命老区水土流失治理力度，带动贫困人口脱贫致富，在水土流失区走出一条水土保持与精准扶贫有机融合、生态保护与经济发展协同推进的可持续发展之路。

三是全面提升监测与信息化水平。推动各地认真贯彻落实《水利部关于加强水土保持监测工作的通知》要求，切实履行法定职责，发挥监测在政府决策、经济社会发展和社会公众服务中的作用。创新监测手段与方法，发布不同区域年度水土流失动态变化状况。着力推进水土保持信息化，以省为单位有重点、有步骤地推进生产建设项目“天地一体化”监管和水土保持重点治理工程“图斑精细化”管理，建成全面支撑信息化监管的国家水土保持综合监管与服务平台，切实提高水土保持监管效能与水平，促进水土保持信息化。

四是精心打造示范区建设。在现有成果基础上，提升打造一批典型示范效应强的示范区。以重要水源地、经济发达地区和城市周边为重点，打造100条示范性生态清洁小流域。在具有典型代表性、治理基础好、示范效果好、辐射范围大的区域，创建200个左右国家水土保持生态文明工程。大力提升水土保持科技示范园和教育基地整体水平，重点建设120个精品示范园，有效发挥理念引领、典型示范、宣传教育和科学普及作用，打造公众水土保持和生态文明观念培育基地。建设一批高效水土保持植物资源利用示范区，推广经济效益高、治理效果好的植物品种，通过产业拉动加速水土流失治理，促进水土保持综合效益发挥。

五是全力构建与生态文明建设要求相适应的制度机制。以贯彻水土保持法为重点，进一步完善配套法规制度体系建设。建立依法履职逐级督查制度，强化对地方特别是市县一级水土保持“三同时”落实情况工作督查，推动地方各级水行政主管部门强化责任意识，依法全面履行监管职责。落实中央关于生态文明建设目标评价考核有关要求，依据水土保持法和国务院批复的《全国水土保持规划》，制定出台建立地方水土保持目标责任考核制度的意见，推动省对县级考核。全面深化水土保持改革，充分发挥市场在水土流失防治中的重要作用。积极培育水土保持社会服务市场主体，建立市场守信激励与失信惩戒机制，全面加强监管，提高服务质量。坚持创新驱动，注重水土保持科技发展，全面提高科技支撑能力。切实把水土保持作为生态文明宣传教育的重点内容，纳入国民教育体系，提高全社会保护水土资源的自觉性。

大力推动农村水电绿色发展

邢援越

我国农村水能资源十分丰富，5 万千瓦及以下的农村水电技术可开发量达 1.28 亿千瓦，广泛分布在全国 1700 多个县。农村水电是国际公认的清洁可再生能源，是水利和能源建设的重要内容，是农村发展和农民增收的重要依托，是扶贫脱贫、改善民生和保护环境的重要举措。新中国成立以来，广大山区群众积极开发小水电，使全国 1/2 的地域、1/3 的县市、3 亿多农村人口用上了电。通过中央投资带动，引导农村水能资源有序、合理开发，在增加清洁能源供应、提高农村电气化水平、加快贫困地区脱贫致富步伐、带动山区农村经济社会发展、促进节能减排和生态保护、保障应急供电等方面发挥了重要作用，被誉为山区的"夜明珠"、点燃大山希望的德政工程。

一、"十二五"农村水电发展成效显著

"十二五"期间，在党中央、国务院的高度重视和有关部门、地方政府的大力支持下，通过治水办电相结合，农村水电建设稳步发展。全国新增农村水电装机 1400 万千瓦，2015 年底总装机容量达到 7583 万千瓦。

“十二五”民生水电建设任务全面完成，300个水电新农村电气化县建设主要指标基本完成，新增装机515万千瓦；建设小水电代燃料项目325个，新增装机95万千瓦；增效扩容改造老旧电站4400座，巩固和新增装机900万千瓦。农村水电发展成效显著，突出表现在以下几个方面：

生态环境保护明显加强。在农村水电规划、设计、施工、运行中更加注重生态环境保护，发展绿色小水电在行业内形成广泛共识。3600多条中小河流水能资源开发规划修编工作基本完成，开展了《绿色小水电评价标准》编制和评价试点工作。通过增设生态流量泄放设施，推进电力梯级联合调度和河流水量生态调度，改善了2000多条中小河流的生态环境，取得了良好的示范效应。节能减排贡献突出。“十二五”农村水电累计发电超过1万亿千瓦时，相当于节约3.4亿吨标准煤，减排二氧化碳8.4亿吨，为我国节能减排和应对气候变化作出了重要贡献。增效扩容改造的4400座老旧电站，改造后年发电量从240亿千瓦时提高到350亿千瓦时，能效提高40%以上。强农惠农成效显著。“十二五”农村水电建设解决了82万无电人口和228万缺电人口用电问题；稳定解决了224万山区农民的生活燃料问题，保护森林面积820多万亩；新增及巩固恢复水库库容600多亿立方米，提高了农村防洪灌溉供水能力。安全生产形势稳定向好。“十二五”全面落实了农村水电安全生产和监管“双主体”责任并向社会公示，通过增效扩容改造等多种措施消除电站安全隐患，启动安全生产标准化试点电站建设，持续开展了安全生产大检查、隐患排查治理和教育培训。“十二五”生产安全责任事故比“十一五”年均起数下降了65%，年均死亡人数下降了62%。同时，推动出台保障农村水电发展的政策法规，进一步完善了农村水电技术标准体系，加强了统计信息工作，促进了直供电片区改造，强化了正面宣传和舆论引导，扩大了对外交流与合作，农村水电行业发展基础不断夯实。

二、农村水电发展面临的形势

“十三五”是全面建成小康社会的决胜阶段，十二届全国人大四次会议通过的“十三五”规划纲要描绘了未来五年国家发展的宏伟蓝图，把水利摆在基础设施建设的重要位置，作出一系列战略部署，提出了新的明确要求。农村水电是水利工作的重要内容，也是山区农村重要的基础设施和民生工程，既面临着难得的发展机遇，也面临着一些新情况、新挑战。

精准脱贫对农村水电建设提出了新任务。全国832个国家重点扶贫县中80%拥有农村水能资源，且开发程度还较低，加快贫困地区农村水电开发，把资源优势转化为经济优势，可加快这些地区脱贫奔小康步伐。中央扶贫开发工作会议明确提出要通过发展特色产业实现3000万以上贫困人口脱贫，并要求大力扶持贫困地区农村水电开发，今后农村水电建设要围绕精准扶贫下功夫。

供给侧结构性改革为农村水电发展注入了新动力。

我国能源供给侧结构性改革目标是，到 2020 年非化石能源比重由目前的 12%提高到 15%。农村水电不仅是国际公认的清洁可再生能源，还可作为风能、光伏发电等新能源的调节电源，是优化电力供给、保障电力安全、实现节能减排的重要组成部分，在电力结构调整中具有明显的比较优势。

电力体制改革为农村水电发展提供了新契机。新一轮电力体制改革要求加快构建有效竞争的市场结构和市场体系，开放电网公平接入，积极发展分布式电源，认真落实可再生能源发电保障性收购制度，并将农村水电纳入保障性收购范围。随着电力体制改革逐步深化，农村水电将迎来新的发展契机。

生态文明建设对农村水电发展提出了新要求。习近平总书记 2016 年在推动长江经济带发展座谈会上强调，要走生态优先、绿色发展之路，使绿水青山产生巨大生态效益、经济效益和社会效益。农村水电过去受开发理念、技术和资金等制约，部分地区、部分河流存在过度开发和不合理开发导致的生态环境问题，在今后的工作中，要强化规划和环境保护工作，加大河流生态修复力度，进一步优化电站布局，解决局部河段减水脱流问题，恢复绿水青山。

资源环境制约对农村水电发展提出了新挑战。目前，全国农村水能资源开发程度接近 60%，虽然总体上还有较大的开发潜力，但可供开发的农村水能资源主要集中在生态环境脆弱、用电需求较少的偏远地区，生态环境和电力消纳等制约因素凸显，技术经济指标较好的农村水能资源点越来越少，开发的难度越来越大，征地补偿、移民安置和生态环境保护等成本大幅度提高，资源环境的制约十分突出，个别地方甚至叫停农村水电开发。

三、"十三五"农村水电发展思路和目标

"十三五"农村水电发展思路：全面贯彻党的十八大和十八届三中、四中、五中、六中全会精神，深入贯彻习近平总书记系列重要讲话精神，紧紧围绕"四个全面"战略布局，牢固树立"创新、协调、绿色、开放、共享"五大发展理念，坚持开发与保护统筹、建设与管理并重，以绿色小水电建设为主线，以扶持贫困地区农村水电开发为重点，以农村水电安全生产和水库水电站安全度汛为核心，着力转方式调结构，大力推进农村水电增效扩容改造和农村小水电扶贫工程建设，积极开展绿色小水电站创建，切实强化安全生产"双主体"责任和标准化建设，全面推进民生、平安、绿色、和谐水电建设，实现农村水电可持续发展。

"十三五"农村水电发展目标：新增农村水电装机500万千瓦，全国农村水电装机容量超过8000万千瓦；完成2000多座老旧电站增效扩容改造，建成一批绿色小水电站，修复1000条中小河流生态环境；建成一批农村小水电扶贫电站，持续稳定帮扶建档立卡贫困农户；实现农村水电安全生产"双主体"责任全覆盖，建成4000座安全生产标准化达标电站；农村水电规划和标准体系进一步完善，现代化水平全面提升。

四、“十三五”农村水电发展的重点工作

推进民生、平安、绿色、和谐水电建设，实现农村水电可持续发展，就是要走农村水电绿色发展之路。为此，“十三五”农村水电要着力补齐规划、改善河流生态、精准扶贫等方面的短板，重点做好以下工作。

以绿色小水电建设为主线，推进科学发展、绿色发展。贯彻落实水利部推进绿色小水电发展的指导意见，建立绿色小水电标准体系和管理制度，初步形成绿色小水电建设激励政策，创建一批绿色小水电站。加强中小河流水能资源开发规划工作，优化流域水能资源开发布局，完成3000条中小河流水能资源规划编制和修订。新建电站要严格建设程序，落实环境保护和水土保持“三同时”制度，已建电站要通过改造逐步达到绿色小水电标准，使农村水电与生态环境保护协调发展。

以增效扩容改造为抓手，促进中小河流生态修复。新一轮农村水电增效扩容改造将河流生态修复作为重要内容，要严格落实生态流量保障、减脱水河段连通性恢复及生境修复、水生态与水环境保护等措施。已建电站要以农村水电增效扩容改造为契机，在提高水能资源利用效率、巩固和增加可再生能源供应、促进节能减排的同时，落实各项河流生态修复措施，推进河流水量生态调度，恢复和保障河道生态流量。

以农村小水电扶贫工程为依托，助力精准脱贫，推动建设美丽宜居乡村。发挥农村小水电产业扶贫优势，在推进贫困地区小水电科学发展的同时，建立贫困户直

接受益机制。通过共享小水电发展成果，壮大农村经济实力，增强建设美丽宜居乡村能力。要认真做好农村小水电扶贫工程试点工作，不断完善体制机制，持续稳定为贫困地区精准脱贫贡献力量。

以加强事中事后监管为重点，提升安全生产水平。要进一步强化防汛度汛责任制和安全生产“双主体”责任，改进监管方式，加强事中、事后监管，持续推进安全生产监督检查和隐患排查治理规范化，深入开展农村水电站安全生产标准化建设，全面提升农村水电安全生产水平，保障公共安全和生产安全。

全面推进新时期河湖管理与保护工作

刘伟平

河湖是水资源的载体，行蓄洪水的通道，生态空间的重要组成部分，水利部全面贯彻党的十八大和十八届三中、四中、五中、六中全会精神，深入贯彻落实习近平总书记系列重要讲话精神，按照中央全面深化改革和加快推进生态文明建设的决策部署，全面推进“十三五”河湖管理与保护工作。

一、河湖管理保护工作现状

水利部高度重视河湖管理与保护工作，将其放在水生态文明建设的重要位置。各地积极探索，勇于创新，河湖管理与保护工作取得了明显成效。

（一）法规制度不断健全

经过多年努力，我国已建立起以水法、防洪法、河道管理条例为基础的河湖管理保护法规制度体系。近年来，水利部和各地在现行水法律法规的基础上，出台了一系列河湖管理规章制度。

2014 年，水利部出台了《关于加强河湖管理工作的指导意见》，明确了新时期河湖管理与保护工作的目标，提出了建立规划约束机制、创新河湖管护机制、开展河湖管理范围划界等10项重点任务。2015年7月，水利部联合国土资源部、交通运输部印发了《关于进一步加强河道采砂管理工作的通知》，明确水利部会同国土资源部、交通运输部等部门负责除长江宜宾以下干流河道之外的全国河道采砂监督管理工作，加强了全国河道采砂的部门联合监管。江苏、湖北、山东等省颁布实施了湖泊保护条例，浙江、重庆、辽宁等省（直辖市）颁布实施了河道管理条例。

（二）规划约束不断加强

经推动长江经济带发展领导小组同意，水利部、国土资源部联合印发《长江岸线保护和开发利用总体规划》。水利部组织编制了《全国重点河段（湖泊）岸线利用管理规划》《全国江河重要河道采砂管理规划》《河湖管理与保护“十三五”规划》，批复实施了《长江上游干流宜宾以下河道采砂规划（2015—2019年）》《长江中下游干流河道采砂规划（2016—2020年）》。湖北省批复了《湖北省湖泊保护总体规划》，湖南省批复了《湘资沅澧四水干流及洞庭湖河道采砂规划》，江西、福建、广西等省（自治区）编制了区域河道采砂规划。

（三）涉河建设项目管理不断规范

一是定期公布涉河建设项目审批情况。水利部每季度公布各流域机构审批的河道管理范围内建设项目情况，以2015年为例，全年共向社会公告256项涉河建设项目。二是开展河湖管理专项检查。2013—2014年连续两年开展河湖专项执法检查，2014年开展了丹江口水库“打非治违”专项执法行动。三是完善涉河建设项目管理制度。水利部根据国务院行政审批制度改革要求，不断规范涉河建设项目审批管理。天津、山东等地相继出台文件，着力扭转“重审批、轻监管”现象。

(四) 河道采砂管理不断加强

2015 年，水利部组织在长江、淮河等重要江河开展了多次河湖采砂巡查检查、专项整治行动。水利部、江苏省人民政府联合组织对骆马湖非法采砂进行严厉打击和强力整治。水利部与国土资源部、交通运输部、江苏省人民政府、山东省人民政府联合印发《关于在南水北调东线输水干线洪泽湖骆马湖至南四湖段全面禁止采砂活动的通知》，在洪泽湖、骆马湖、南四湖、中运河、韩庄运河全面禁采砂石。针对河道采砂管理的复杂局面，各地积极转变思路、探索创新管理模式，湖南省政府成立由省长任组长的水上安全综合整治领导小组，江西省南昌市成立了三家国企出资组建的砂石公司，在政府监管下实施规范化开采和经营。

(五) 河湖管理改革不断推进

2014 年 8 月，水利部印发通知全面部署河湖管理范围划界和水利工程划界确权工作。目前，中央直管河湖划界试点工作已经启动。2014 年 9 月，水利部印发通知组织开展河湖管护体制机制创新试点工作。

按照中央深改组工作部署，水利部在广泛调研、总结地方实践经验的基础上，组织制定了《关于全面推行河长制的意见》（以下简称《意见》）。2016 年 10 月 11 日，中央全面深化改革领导小组审议通过《意见》。11

月 28 日，中共中央办公厅、国务院办公厅联合印发《意见》。《意见》是加强河湖管理保护的纲领性文件。按照《意见》要求，各地要在 2018 年底前建立省、市、县、乡四级河长体系。12 月 10 日，水利部、环境保护部联合印发《贯彻落实〈关于全面推行河长制的意见〉实施方案》（水建管函〔2016〕449 号），明确了下一步全面推行河长制工作的总体要求，提出了时间节点和工作要求。12 月 12 日，国务院新闻办公室召开新闻发布会，水利部周学文副部长和水利部、环境保护部有关司局负责同志出席会议，介绍《意见》有关情况并答记者问。12 月 13 日，水利部、环境保护部、国家发展改革委等十部门联合召开贯彻落实《意见》视频会议，动员部署全面推行河长制各相关工作。

二、“十三五”河湖管理保护工作重点任务

河湖是水利工作的立足点，在经济社会发展和全面建成小康社会的进程中发挥着不可替代的重要作用。“十三五”是全面建成小康社会的决胜阶段，水利部将认真落实中央部署，扎实做好各项工作，为维护河湖健康、促进生态文明建设做出新的贡献。

（一）全面推行河长制

切实贯彻落实中央文件要求，指导督促各地全面推行河长制。一是会同环境保护部等相关部门建立全面推行河长制工作部际联席会议制度，强化组织指导和监督检查，研究解决重大问题。二是指导各地抓紧编制工作方案，细化实化目标任务、工作要求和保障措施等，明

确时间表、路线图。三是组织开展督导检查，检查各地河长制工作进展情况，指导各地抓紧建立健全河长制工作体系，确保2018年底前全面建立河长制。水利部、环境保护部将在2017年底组织对建立河长制工作进展情况进行中期评估，2018年底组织对全面推行河长制情况进行总结评估。四是做好信息报送工作，掌握各地河长制工作进展情况，及时向中央改革办报告。五是做好经验总结推广。积极开展推进河长制工作调研，总结推广地方的好经验、好做法。

（二）积极推进河湖管理范围划界和水利工程划界确权

一要加强组织领导。各地要把划界确权作为重点水利工作来抓，积极争取省级党委政府支持，加强领导，精心组织，明确牵头部门，落实责任分工。二要周密组织实施。各地要抓紧制定实施方案，明确目标任务、工作内容、进度要求、经费保障等；要加强与地方国土、住建、交通等部门沟通协调。三要区分轻重缓急。要按照轻重缓急、先易后难、因地制宜的原则，稳步有序推进划界确权工作。对已划定管理和保护范围的，要设立界桩、管理和保护标志，严格河湖管理保护。

（三）建立规划约束机制，强化河湖空间用途管制

一要科学编制规划。水利部将抓紧制定出台《全国重点河段（湖泊）岸线利用管理规划》《全国江河重要河道采砂管理规划》等重要规划。各地要根据国家规划，结合本地河湖管理实际，科学编制相关规划，为河湖管理保护提供科学依据。二要严格执行规划。各地要认真组织实施国家批准的流域综合规划、流域防洪规划、岸线利用管理规划等规划。建立健全规划治导线管理制度。同时，要加强规划的约束作用，落实规划实施评估和监督考核工作。

（四）创新河湖管护机制，积极推进河湖创新试点县建设

一是积极推进河湖管护创新试点。目前全国46个河湖管护体制机制创新试点县的试点工作已全面启动。省级水行政主管部门和试点县、市是试点工作的实施主体，要抓紧组织实施，保障试点工作的质量、进度，确保在2017年底前完成验收。二是推进水域岸线占用补偿。按照有偿使用的原则，研究建立水域岸线占用补偿制度，实行等效替代，消除涉河项目和活动对水域岸线功能的不利影响，防止围垦、侵占水域岸线。三是积极探索引入市场机制。要发挥政府和市场两只手的作用，充分利用市场资源，推进河湖管护专业化、市场化，通过合同、委托等方式向社会购买公共服务。

（五）完善监督考核机制，落实河湖管理保护责任

一是建立河湖管护责任制。各地要加强组织领导，层层落实河湖管护主体、责任，建立工作机制，强化监督检查，抓好督办落实，实现河湖管理的全覆盖。二是落实河道采砂管理责任。长江沿线各地要按照《长江河道采砂管理条例》的规定，严格落实以地方行政首长负责制为核心的采砂管理责任制；其他流域和地方也要按照相关法律法规层层落实采砂管理责任主体。三是建立监督考核机制。各地要推进建立河湖管护监督检查和考核机制，对河湖管理混乱、问题突出以及执法严重不到位的要追究相关单位和人员责任。

（六）强化河湖采砂管理，保障河湖采砂有序可控

一是完善日常监管制度。各地要不断完善河道采砂日常巡查制度，加大对重点河段、重要时段、敏感水域的日常监管与巡查力度和密度，加强禁采区、禁采期的日常监管，对非法采砂行为做到早发现、早制止、早处理。二是加大集中打击力度。对重点河段、敏感水域适时组织开展专项打击和集中整治，坚决打击非法采砂行为。对骆马湖、洪泽湖等禁采水域，要始终保持高压严打态势，坚决防止非法采砂势头反弹，保障河道采砂秩序总体可控。三是探索长效管理机制。长江河道采砂管理要进一步深化水利部、交通运输部合作机制。其他河湖采砂管理，要按照水利部、国土资源部、交通运输部联合发布的通知要求，进一步落实责任主体，建立健全监管机制，加强部门沟通协作，形成有效监管合力。

（七）规范涉河建设项目管理，严厉打击违法行为

一是规范许可审批。按照国务院行政审批改革要求，严格执行涉河建设项目和活动审查制度，规范审查程序，明确审查标准，依照审批权限严格审批。二是加强过程监管。按照“谁审批、谁监管”的原则，建立责权利统一的审批、监管责任机制，实行涉河建设项目审批公示制度，加强涉河建设项目全过程监管，做到源头严防、过程严管。三是强化河湖日常巡查。以涉河建设项目、水工程保护、违法水事活动等为重点，加大巡查和监管力度，严禁违法侵占河湖。对涉河湖违法行为早

发现、早制止。对重大违法案件要做到依法查处到位、责任追究到位、整改落实到位。

（八）加强队伍建设，提升河湖管理保护能力和水平

一是提高信息化水平。要注重河湖管理保护信息化建设，充分运用遥感、卫星定位、视频监控等技术手段，加强对涉河违法行为的实时动态监控。二是加强教育培训。各级河湖管理部门和单位要牢固树立担当意识、责任意识，要敢抓敢管、敢于动真碰硬，敢于攻坚克难、敢于问责追究，大力推进新形势下河湖管理保护工作。

加大国情水情宣传普及力度

刘建明

国情水情宣传普及是水利工作的重要内容，事关水利事业发展大局。《水利改革发展“十三五”规划》对做好国情水情宣传教育作出全面部署。陈雷部长指出，要创新水利新闻宣传方式，加强水情教育和舆论引导。这为做好新时期水利宣传工作提供了制度保障和行动指南。我们要持续加大国情水情宣传普及力度，加强水利新闻舆论工作，为加快“十三五”水利改革发展营造良好舆论氛围。

一、充分认识宣传普及国情水情的重要意义

水利宣传工作是党和国家宣传事业的重要组成部分，在盛世兴水的新征程中担负着重要职责。随着媒体格局发生深刻变化和水利改革攻坚向纵深发展，做好宣传工作的重要意义愈加凸显。

宣传普及国情水情，是贯彻中央宣传舆论工作精神的重要举措。党的十八大以来，习近平总书记高度重视宣传舆论工作，多次就加强宣传思想和新闻舆论工作发表重要讲话。他强调，营造良好舆论环境，是治国理政、定国安邦的大事。要从党的工作全局出发把握新闻

舆论工作，坚持正确政治方向，高举旗帜、引领导向。2016 年 7 月 20 日，习近平总书记在部署防汛抗洪抢险救灾工作时要求，加强对防汛抗洪抢险救灾的宣传报道，向全社会广泛宣传第一线涌现出来的英雄模范和先进典型，弘扬正能量。习近平总书记关于宣传舆论工作的系列重要讲话精神，为做好水利宣传工作指明了前进方向、提供了基本遵循。落实中央宣传舆论工作各项要求，必须不断加强水利新闻舆论和国情水情宣传普及工作。

宣传普及国情水情，是落实水利改革发展决策部署的重要保证。为全面提升水安全保障能力，以习近平同志为核心的党中央提出“节水优先、空间均衡、系统治理、两手发力”的新时期水利工作方针，对深化水利改革发展做出一系列决策部署。推进水利又好又快发展，需要水利宣传工作在贯彻党中央治国理政新理念新思想新战略、宣传中央治水兴水决策部署方面发挥重要作用；在总结水利体制机制改革创新经验、推进水治理体系和能力现代化方面发挥重要作用；在宣传民生水利建设生动实践、展示水利为经济社会发展提供的有力支撑和保障方面发挥重要作用。

宣传普及国情水情，是凝聚全社会治水兴水合力的重要基础。当前，我国水利建设进入攻坚期，水利管理正值关键期，水利改革步入深水区，水利发展处于黄金期。加快“十三五”水利改革发展，需要动员全党全社会力量，需要统筹各个领域的水利需求，需要协调各个方面的涉水关系。这就要求必须深化国情水情宣传普及工作，使社会各界对中央决策举措有准确把握，对我国面临的新老水问题有足够重视，对发展水利事业的重要性有深刻认识，形成加快水利改革发展的普遍共识和强大合力。

二、改进和创新国情水情宣传普及工作

做好新形势下国情水情宣传普及工作，必须全面贯彻党的十八大和十八届三中、四中、五中、六中全会精神，深入贯彻习近平总书记系列重要讲话精神，增强政治意识、大局意识、核心意识、看齐意识，围绕水利中心工作、服务水利发展大局，弘扬主旋律、传播正能量。

把握宣传重点任务，进一步壮大主流舆论。深入宣传新时期水利工作方针和水利政策举措，推动中央重大政策措施得到全面贯彻落实。宣传我国基本国情水情，提高全社会水忧患意识、水危机意识、水安全意识。宣传防汛抗旱减灾、水利基础设施网络建设、民生水利发展、实行最严格水资源管理制度、水生态文明建设、水利改革创新、依法科学管水、水利党风廉政建设的各项措施和显著成效，不断巩固壮大主流舆论。

做好权威信息发布，进一步强化正面声音。增强主动发布意识，有针对性地发布信息、解读政策、回应关切。落实国务院办公厅关于每季度至少在国务院新闻办公室举行一场发布会的要求，加大频次、提升实效。坚持和完善水利部例行新闻发布制度，推动新闻发布工作常态化、规范化。完善防汛抗旱防台风、水利安全生产

等工作新闻应急预案，重视“首发效应”，涉及特别重大、重大突发事件的水利舆情，最迟在5小时内发布权威信息，在24小时内举行新闻发布会，增强信息发布的时效性。

加强热点问题引导，进一步回应公众关切。强化涉水舆情监测研判分析，及时发现苗头性、倾向性问题，主动设置新闻议题，积极引导舆论走向。在防汛抗旱减灾、重大水利工程建设、水资源节约保护等热点问题引导过程中，讲求艺术、改进方法，找准化解问题的切入点、情感认识的交汇点，用事实和数据说话，用公众感受到的变化引起共鸣，客观理性引导舆论。对涉水重大敏感问题，掌握好介入点，把握好时度效，确保水利舆情平稳有序。

深化国情水情科普，进一步增进社会共识。加大国情水情科普力度，引导公众全面认识我国水资源时空分布不均、水旱灾害频发、水资源短缺、水生态损害、水环境污染等新老水问题，深刻理解水利的重要保障作用和加快补齐水利基础设施短板的紧迫性，提高公众参与水资源节约保护和应对水旱灾害等方面的意识与能力，促进形成知水、节水、护水、亲水的良好社会风尚和人水和谐的社会秩序。

创新宣教活动形式，进一步丰富内容载体。加快实施《全国水情教育规划（2015—2020年）》，组织开展形式多样、特色鲜明的水情教育活动。依托三峡工程、小浪底水利枢纽、水利博物馆等国家水情教育基地和各类水主题教育平台，宣传普及水知识、水常识。组织

“节水中国行”“落实三红线 严管水资源”等采访报道。推进节水宣传进校园、节水护水课堂、水情知识大赛等活动。举办“节水·在路上”“寻找最美家乡河”“节水护水志愿服务行动”等系列活动。开展水主题微电影微视频创作、水利公益广告投放、水情教育读本和音像制品出版等工作。

强化新媒体运用，进一步提升传播效果。重视微博微信微视频和客户端“三微一端”等新媒体的广泛普及，以及移动视频直播、网络电台、知识社区等新平台的快速发展，建设水利新媒体矩阵。综合运用图文、图表、音视频等多种形式，借助多样化、多元化表现手法，实现水利宣传产品从静态到动态、从一维到多维的升级。在抗洪抢险、重大水利工程建设、节水型社会建设、推行河长制等宣传工作中，注重应用虚拟现实、3D动画、H5以及移动直播等技术，将水利现场实时化呈现，增强互动感和冲击力。做好网上正面宣传，网上网下形成“同心圆”。

三、加强水利宣传工作的组织领导和统筹协调

水利宣传工作是一项长期而艰巨的任务，需要落实各项保障措施。

切实加强组织领导。习近平总书记指出，看一个领导干部是否成熟、能否担当重任，一个重要方面就是看他重不重视、善不善于抓宣传思想工作。各级党委要负起政治责任和领导责任，加强对宣传思想领域重大问题的分析研判和重大战略性任务的统筹指导。陈雷部长强

调，各级水利部门要高度重视水利新闻宣传工作，强化和落实领导责任制。贯彻中央和水利部党组要求，必须高度重视水利新闻舆论和国情水情宣传普及工作，自觉把水利宣传工作摆在水利全局工作的重要位置，与水利业务工作一同研究部署，一同检查落实。

建立完善工作机制。严格宣传工作规范管理，建立完善水利宣传工作例会机制、媒体沟通机制、舆情会商机制、采访审核机制、发稿把关机制、报道提示机制和专家联系机制，形成推动和促进水利宣传工作的长效机制。加强宣传工作统筹协调，统筹中央媒体和行业媒体，统筹传统媒体和新媒体，统筹对外宣传和对内宣传。健全完善水利宣传组织体系，积极争取中央宣传管理部门指导支持，密切宣传部门与业务部门的沟通合作，深化不同宣传部门之间的协调配合，整合水利部机关与部直属单位、省级水行政主管部门的宣传资源，发挥各自特点优势，努力形成工作合力。

强化人才队伍建设。加强水利宣传战线党的建设和队伍建设，推动全面从严治党要求在水利宣传单位落地生根。抓好领导班子建设、干部队伍建设和人才培养，深化马克思主义新闻观教育，深化“走基层、转作风、改文风”活动，坚持百姓情怀，保持人民本色。强化水利宣传专业队伍和新闻宣传员、专家信息发布兼职队伍建设管理，按照坚持正确政治方向、坚持正确舆论导向、坚持正确新闻志向、坚持正确工作取向的要求，培养一支政治坚定、业务精湛、作风优良、党和人民信赖的水利宣传工作队伍，做到守土有责、守土负责、守土尽责。

着力推进水利精准扶贫

唐传利

水利在实施脱贫攻坚工程中具有重要地位和作用。2015 年印发的《中共中央国务院关于打赢脱贫攻坚战的决定》明确提出，要坚持精准扶贫精准脱贫基本方略，加强贫困地区包括水利在内的基础设施建设，加快破除发展瓶颈制约。2015 年 12 月，水利部召开全国水利扶贫开发工作视频会议，全面总结“十二五”水利扶贫工作，对“十三五”水利精准扶贫工作作出部署安排。我们要深刻认识和领会中央和部党组对水利扶贫工作的新部署、新要求，坚持问题导向、精准发力，加快补齐补强贫困地区水利基础设施短板，夯实贫困地区脱贫攻坚的水利支撑和保障条件，让贫困人口在水利改革发展中有更多的获得感。

一、“十二五”时期水利扶贫取得显著成效

“十二五”期间，特别是党的十八大以来，按照党中央、国务院的决策部署，水利部举全行业之力加大水利扶贫开发攻坚力度。2011—2015 年，中央共安排贫困地区水利投资 2375 亿元，占中央水利投资总规模的 31.7%，是水利扶贫开发资金投入最多、建设成果最

多、群众得实惠最多的五年，形成了水利行业扶贫、滇桂黔石漠化片区联系、水利定点扶贫、重点地区对口支援、贵州水利扶贫试点的“五位一体”水利扶贫新格局。一是农村饮水安全工程全面提速。安排贫困县农村饮水安全工程中央投资481亿元，累计解决10068万农村人口和1521万农村学校师生的饮水安全问题。二是农田水利设施不断完善。贫困地区累计新增、恢复和改善灌溉面积5300万亩，新增节水灌溉面积3400万亩，为贫困地区增加旱涝保收基本农田面积、优化农业种植结构、促进农民增收作出了重要贡献。三是重大水利工程扶贫效益显著。截至“十二五”末，已经开工的85项节水供水重大水利工程有60项在贫困地区，总投资达5600亿元。重大水利工程建设极大地改善了贫困地区群众生产生活条件。四是防汛抗旱减灾能力明显提升。贫困地区共完成7700多座病险水库和大中型病险水闸除险加固，新建或加固江河堤防3900多公里，新增中小河流治理河长1.45万公里，山洪灾害死亡人数比“十一五”降低了60%以上，解决了5000多万人次因旱临时饮水困难。五是水保生态建设步伐明显加快。贫困地区治理水土流失面积3.8万平方公里，重点工程覆盖459个贫困县，治理区群众生产生活条件和人居环境明显改善。六是农村水电受益面进一步扩大。贫困地区新增农村水电装机749万千瓦，解决了44万户农民的生活燃料问题，有效解决了贫困农户用电问题，改善了当地能源结构，促进了贫困地区增收和就业。

二、“十三五”时期水利扶贫面临的形势

当前，我国扶贫开发已进入啃硬骨头、攻坚拔寨的冲刺期。中央明确提出，到2020年确保我国现行标准下农村贫困人口实现脱贫，贫困县全部摘帽，解决区域性贫困问题。水利扶贫工作既面临良好机遇，又面临严峻挑战。

从脱贫攻坚对水利要求看。我国贫困地区分布与水资源禀赋条件高度相关，“有水难存”“无水可蓄”都是贫困的根源之一。习近平总书记在中央扶贫开发工作会议上指出，要把脱贫攻坚重点放在改善生产生活条件上，着重加强农田水利、交通通信等基础设施和教育医疗等公共服务建设，特别是要解决好入村入户等“最后一公里”问题。李克强总理强调，解决贫困地区缺水问题，是一项迫在眉睫的任务，必须下大力气抓好。

从贫困地区水利发展现实看。经过改革开放以来特别是“十二五”期间的艰苦努力，贫困地区水利面貌发生了翻天覆地的变化，但要看到，由于自然条件恶劣、历史积累问题较多，贫困地区水利基础设施薄弱的状况仍未彻底扭转，因水受困、因水成疾、因水致贫现象仍然较为突出。很多地方穷在水上、难在水上，脱贫的出路和希望也在水上。

从水利扶贫开发工作看。有的地方水利部门领导思想认识还不够到位，对贫困地区的倾斜支持力度不够。主要表现在，重大中型水利项目，轻小微型水利项目，导致工程配套衔接不够，效益难以充分发挥；重面上水

利扶贫，轻精准到户安排，水利扶贫效益的平均数掩盖了少数贫困户的真实困难；重硬件设施建设，轻软件设施跟进，贫困地区水利改革发展内生动力不足。

打赢脱贫攻坚战，必须加强水利扶贫工作，充分发挥水利的基础性、先导性、保障性作用，加快补齐补强贫困地区水利短板。

三、“十三五”水利扶贫的思路和重点

国务院扶贫领导小组已将水利扶贫列为“十三五”脱贫攻坚十大行动之一。水利部党组已作出部署要求，各地要认真抓好落实。

（一）总体要求

深入贯彻落实党的十八大和十八届三中、四中、五中、六中全会以及中央扶贫开发工作会议精神，坚持以习近平总书记扶贫开发战略思想为指导，牢固树立“创新、协调、绿色、开放、共享”的发展理念，遵循“节水优先、空间均衡、系统治理、两手发力”的新时期水利工作方针和精准扶贫精准脱贫方略，充分发挥脱贫攻坚规划的引领作用，充分调动中央、地方和贫困地区群众的积极性，坚持重大水利工程与民生水利建设相结合，坚持水利项目安排与脱贫攻坚需求相衔接，进一步加强贫困地区水利基础设施建设，着力提升水利扶贫开发的精准度和有效性，为打赢脱贫攻坚战、全面建成小康社会提供坚实的水利支撑和保障。

（二）主要目标

到 2020 年，贫困地区水利基础设施公共服务能力

接近或达到全国平均水平，因水致贫的突出水问题得到有效解决，支撑贫困地区长远发展的水利保障能力得到较大提升，水利良性发展机制初步建立，基本建成与全面小康社会相适应的水安全保障体系。

（三）重点任务

实施农村饮水安全巩固提升工程。实施“十三五”农村饮水安全巩固提升工程，全面完成建档立卡贫困人口饮水安全巩固提升工程建设任务。在贫困地区加快建设一批集中供水工程，对分散式供水和水质不达标工程实行提质增效改造，大力开展净水设施改造和消毒设备配套工程、水源保护和信息化建设。到2020年，贫困地区农村集中供水率达到83%，自来水普及率达到75%，农村饮水安全得到全面巩固提升。

实施农田水利设施建设工程。加快贫困地区大中型灌区续建配套和节水改造，推进灌溉排水泵站更新改造和牧区水利工程建设。大力发展农田高效节水灌溉，系统推进灌区现代化建设改造。在水土资源条件适宜的地区，规划建设一批大中型灌区。以建档立卡贫困村为重点，加强农牧区灌溉饲草料地、“五小水利”工程和高效节水灌溉工程建设，统筹解决灌溉水源、农田灌排骨干工程和田间工程“最后一公里”问题。到2020年，贫困地区新增和改善农田有效灌溉面积5900万亩。

实施水资源开发利用工程。按照“确有需要、生态安全、可以持续”的原则，坚持大中小结合、蓄引提并举，加快推进贫困地区水资源开发利用，着力提升供水保障能力。加快贵州夹岩、甘肃引洮二期、西藏拉洛等在建大型水库和重大引调水项目建设，力争早日建成并发挥效益；积极推进124座中型水库前期工作和项目建设；规划新建小型水库600余座。力争到2020年，贫困地区新增供水能力150亿立方米。

实施防洪抗旱减灾保障工程。加快实施列入规划的459座大中型病险水闸除险加固，继续推进新出现的病险水库除险加固。加快实施大江大河主要支流、独流入海和内陆河流治理，对防洪任务重、有重要保护对象的中小河流重要河段进行治理。完善山洪灾害防治综合保障体系，不断提升山洪灾害监测预警技术水平。加强重点山洪沟和易涝区治理，增强抵御旱涝灾害能力。支持干旱问题突出的集中连片特困地区加大抗旱水源工程建设。

实施水土保持和生态建设工程。加大贫困地区山水林田湖生态保护力度，大力推进水生态文明建设。中央补助资金安排的国家水土保持重点工程要向贫困地区倾斜。实施以建档立卡贫困村为单元的坡耕地治理项目。加强贫困地区水源涵养与保护、生态补调水、江河湖库连通、水生态保护与修复等工作。大力整治农村河道堰塘，因地制宜建设生态清洁小流域。到2020年，贫困地区治理水土流失面积4.2万平方公里，完成坡耕地综合整治面积470万亩。

实施农村小水电和移民扶贫工程。支持贫困地区合理开发小水电。实施农村小水电扶贫工程，探索财政资金支持农村小水电开发项目形成的资产折股量化给贫困村和贫困户受益的管理机制。继续实施贫困地区农村水电增效扩容改造。到 2020 年，贫困地区新增农村小水电装机 200 万千瓦，帮助规划区 1 万个建档立卡贫困村 100 万建档立卡贫困户获得长期稳定收入。加大贫困移民脱贫攻坚力度，实施水库移民避险解困工作，扶持移民产业发展，统筹解决特困移民脱贫问题。

（四）各片区主攻方向

滇西、滇桂黔、乌蒙山、武陵山等西南集中连片特困地区，要以水资源配置和水源工程建设为重点，缓解工程性缺水对经济社会发展的制约，加强灌区和农村“五小水利”工程建设，加快中小河流治理和石漠化水土流失防治。

燕山—太行山、吕梁山、六盘山、大兴安岭南麓等北方集中连片特困地区，要以灌区节水改造与水生态修复为重点，适度建设引调水工程，抓好高效节水项目，提高用水效率，加强水土流失治理，改善和修复生态环境。

大别山、秦巴山、罗霄山等中部集中连片特困地区，要以防洪工程尤其是中小河流治理为重点，解决群众的防洪保安问题。同时也要加强供水工程建设，改善贫困群众生活生产条件。

西藏、南疆三地州及四省藏区等集中连片特困地区，南疆地区要加快推进农业节水、山区水库、生态治理与保护等工程建设；四省藏区要加大重点水源和高效节水灌溉等工程建设；西藏要着力实施一批重大水利工程，统筹推进民生水利建设，为打造“一江两河”和澜沧江河谷经济带提供水利支撑。

此外，要进一步加大革命老区、民族地区、边疆地区的水利扶贫工作力度，使这些地区的水利发展更快一些。

四、健全水利精准扶贫工作机制

健全水利扶贫需求调查机制。定期开展贫困地区水利扶贫需求调查工作，为精准安排项目、精准投入资金打好基础。需求调查以贫困村为单元，以改善生产生活条件为重点，结合特色产业发展、乡村旅游扶贫、易地扶贫搬迁等精准扶贫项目，有针对地提出解决需求的工程措施，明确项目受益的贫困村和贫困人口。

健全水利扶贫项目储备机制。加强贫困地区水利扶贫项目库建设，把项目储备作为水利投资和计划安排的重要依据。项目库建设以贫困县为单元，以已经批复的相关规划为依据，结合国家现有投资渠道和投资政策，明确项目的类别和规模、投资来源、建设年限、工程效益等，并实行三年滚动管理。加快入库项目前期工作，合理安排项目实施时间，确保项目建设时机与脱贫攻坚目标充分衔接。

健全水利扶贫投资倾斜机制。中央水利投资将根据贫困地区水利需求情况、项目储备情况、年度水利项目实施情况及水利扶贫考核结果等，实行倾斜支持。有关省级人民政府要按照建档立卡贫困人口分布、扶贫任务轻重作为安排水利投资的重要依据，实行差别化扶持。建立健全水利扶贫项目投资计划协调机制，确保中央和省级水利投资向贫困地区倾斜。加强部门间的沟通协调，落实年度投资计划，确保符合条件的水利扶贫项目优先安排、优先实施。

健全水利扶贫统计分析机制。完善水利扶贫统计指标体系和统计报表制度，建成水利扶贫统计信息报送平台，通过统计年报、快报、专报等方式，及时全面掌握贫困地区水利投资、项目建设、工程效益、扶贫效果及人才、技术支持情况。加强水利扶贫统计分析工作，编制水利扶贫统计年度报告，为完善水利扶贫政策措施提供决策依据。

健全水利扶贫考核评价机制。进一步完善水利扶贫考核办法。认真组织做好年度考核工作，严格省级自评、专家审核、重点抽查、综合考核、结果通报等环节的工作，确保考核工作过程科学规范、结果真实可靠。强化考核结果应用，通过采取约谈、通报等方式，引导贫困地区加强水利扶贫工作、落实精准扶贫措施、提高水利扶贫实效，发挥好考核的“指挥棒”作用。

全面加强水法治建设

李　鹰

依法规划涉水行为、调节涉水关系是全面推进依法治国的重要内容。“十二五”时期，各级水行政主管部门和流域管理机构认真贯彻落实中央治水兴水决策部署，深入开展水法治建设，依法治水管水迈出坚实步伐。“十三五”时期既是全面建成小康社会的决胜阶段，也是全面推进依法治国、加快建设法治政府的关键时期。水法制建设要紧紧围绕协调推进“四个全面”战略布局和建设社会主义法治国家的总目标，坚持深化改革和法治建设共同推进，坚持立法、执法、监督、保障一体建设，坚持运用法治思维和法治方式引领规范水利改革发展各项工作，为加快水利改革发展提供坚强有力的法治保障。

一、“十二五”以来水法治建设取得显著成效

“十二五”以来，按照党的十八大和十八届三中、四中、五中、六中全会精神以及中央治水兴水决策部署，全国水利系统大力推进水法治建设，完善水法规体系，健全水行政执法体制，改善水法治环境，推进水行政审批改革，取得显著成效，依法治水管水能力迈上新

台阶。

（一）依法治水管水顶层设计逐步完善

贯彻落实《中共中央关于全面推进依法治国若干重大问题的决定》，水利部2015年印发《关于全面加强依法治水管水的实施意见》，明确提出了当前和今后一个时期全面依法治水管水的指导思想、目标任务、总体要求和重要举措，7个流域管理机构和31个省级水行政主管部门相继出台实施方案，为加强水法治建设、推进水利依法行政作出顶层设计，提供行动指南。贯彻落实中央《法治政府建设实施纲要（2015—2020年）》，结合依法治水实际，制定《水利部贯彻实施〈法治政府建设实施纲要（2015—2020年）〉任务措施分工方案》，涵盖水利改革发展、建设管理、职能转变以及法治建设的方方面面，切实把落实纲要精神贯穿到依法治水管水全过程，依法治水基本遵循更加明晰有力。

（二）水法规体系基本建立

水利部修订了《水法规体系总体规划》，统筹推进水法规体系建设。《水土保持法（修订）》《太湖流域管理条例》《南水北调工程供用水管理条例》和《农田水利条例》等4部法律法规颁布施行。水利部出台《水文监测环境和设施保护办法》《水文站网管理办法》等4件规章。完成6部法律法规行政审批相关条款修改和部门规章专项清理。出台《水权交易管理暂行办法》。各地颁布地方性法规规章100余件。一批水法规立法前期工作取得重要进展。

目前，我国现行有效水法律4件，行政法规20件，部门规章54件，地方性法规和地方政府规章700余件，水法规体系基本建立，为依法治水奠定了坚实制度基础。

（三）水行政执法效能显著提升

推进执法能力建设。完成《2009—2015年水政监察基础设施建设规划》任务，实施《全国水政监察队伍执法能力建设规划（2013—2020年）》，执法能力显著提高。

不断加大执法力度。水利部先后组织开展水资源、河湖、水土保持等专项执法活动，严厉查处违法取水、侵占河湖、非法采砂、违法设障、违法造成水土流失等行为，保障水法律法规全面贯彻实施。开展丹江口水库“打非治违”专项执法及回头看活动，保障南水北调中线工程顺利通水。

推动水行政执法与刑事司法衔接。向全国人大法工委提出刑法修正案中增设“非法占用水域罪”建议。配合最高人民法院、最高人民检察院完成“非法采矿罪”司法解释修订工作，将河道非法采砂纳入“非法采矿罪”进行规制。

目前，我国水行政执法体系已经建立，全国水政监察队伍3800多支，专兼职水政监察员6.67万人，形成了流域、省、市、县四级水行政执法网络。“十二五”期间，水利系统大力推进综合执法，水利部开展了25个综合执法示范点建设，各地以试点带动全面铺开，“一支队伍对外执法”格局初步形成。

（四）水事纠纷明显减少，行政争议有效化解

“十二五”以来，强化预防为主、预防与调处相结合的水事纠纷预防调处机制，着力健全协商、排查、应急处置等制度，全国水事矛盾纠纷数量呈下降趋势，全国水事秩序基本稳定。

引导行政相对人通过行政复议、行政诉讼法定渠道化解行政争议，保障相对人权益，加强层级监督。“十二五”期间水利部办理行政复议案件 95 件，年均办案数为 2001—2010 年的 3 倍，各地区各流域共办理 300 余件。依法积极参加行政应诉，自觉接受司法监督，努力使各类行政行为经得起法律的检验。

（五）水行政审批严格规范

大幅减少行政审批事项。本届政府以来水利部行政审批事项由 48 项减少到 22 项，减少 54%。地方行政审批事项减少和下放的比例超过 50%，部分地方减少、下放幅度达到 70%以上。

规范和改进行政审批行为。对保留的水行政许可事项，全部实行统一受理制度，明确办理时限，规范中介服务，简化优化审批流程，方便企业和群众办事。水利部行政审批受理中心于 2015 年 6 月挂牌运行。地方水行政主管部门负责的行政许可事项纳入地方政府政务大厅或者设立窗口统一受理，在阳光审批、政务公开、主动服务方面迈出重要步伐。到目前，水行政审批范围大幅缩小，程序明显简化，效率明显提升，水行政审批制度改革取得实实在在成效。

（六）水法治环境明显改善

坚持法治宣传教育与依法治水实践相结合，普法与立法并举，普法与执法并重，不断丰富普法宣传内容，进一步健全领导干部和工作人员学法用法制度，普法长效机制基本建立，水利“六五”普法任务圆满完成。集中开展“世界水日”“中国水周”“国家宪法日”宣传活动，创新水利特色普法宣传方式。“世界水日”作为一项主题宣传活动已列入《中共中央 国务院关于加快推进生态文明建设的意见》加以部署。

二、“十三五”水法治建设的总体思路、主要任务和措施

“十三五”时期水法治建设的总体思路：深入贯彻党的十八大和十八届三中、四中、五中、六中全会精神，按照加快生态文明建设、保障国家水安全的战略部署，围绕水利中心工作，以科学立法、严格执法、深入普法为重心，深入贯彻落实《中共中央关于全面推进依法治国若干重大问题的决定》《法治政府建设实施纲要（2015—2020 年）》和《水利部关于全面加强依法治水管水的实施意见》，全面加强依法治水管水，构建完备的水法律规范体系、高效的水法治实施体系、严密的水法治监督体系和有力的水法治保障体系。

主要任务和措施：

第一，持续完善水法律法规，着力构建完备的水法律规范体系。一是完善水法规体系建设顶层设计。根据水利改革发展新形势新任务，立足水利现代化建设全局，把握政府立法工作重点，科学谋划未来一个时期的立法工作。科学合理制定立法工作计划，整合立法资源，加快最严格水资源管理、河湖管理、民生水利、流

域管理等方面的制度建设，尽早填补相关领域的立法空白。二是统筹推进重点领域水利立法。做好《大中型水利水电工程建设征地补偿和移民安置条例》修订工作，加快推进《节约用水条例》《地下水管理条例》《珠江水量调度条例》《水库大坝安全管理条例（修订）》等立法进程。做好简政放权、深化改革相关水法规修订，推进部门规章制定工作，加快制度建设，确保各项改革措施于法有据。三是适应经济发展新常态、水资源条件新变化和水利发展新要求，开展综合性、战略性水法律制度前期研究，适时启动水法、防洪法修订前期论证，研究制定《长江保护法》。四是改进立法工作方法。做实前期论证，加大项目储备，积极争取资源，加强立法协调，规范立法程序，提高立法质量。五是建立部门规章和规范性文件清理长效机制。根据深化水利改革和上位法制定修改废止情况，及时清理规章和规范性文件。加强规范性文件监督管理，完善制定程序，做好合法性审查和备案工作。

第二，强化水行政执法，着力构建高效的水法治实施体系。按照国家行政执法体制改革要求，结合水行政执法实际，下大力气推进水行政执法工作，真正树立水行政执法权威。一是进一步理顺水行政执法体制机制。加快推进水行政综合执法，加强基层水政监察队伍建设。推进执法重心向市县下移，进一步明确市、县两级水行政主管部门执法主体责任，把机构改革、职能转变调整出来的人员编制重点用于充实基层执法力量。完善执法网络体系，加强乡镇水管站等基层水利服务机构、水利工程管理单位执法力量建设，承担好执法巡查等执法职责。总结推广地方在执法实践中探索出的河湖综合执法、流域综合执法经验，提高水行政执法效能。二是完善执法制度，把严格规范公正文明执法的要求落实到水行政执法全过程。建立健全水行政执法裁量基准制度，执法全过程记录制度，重大处罚决定合法性审查机制，进一步完善水行政执法程序。改进执法方式，推广运用说服教育、劝导示范、行政指导、行政奖励等非强制性执法手段。全面实行水政监察人员持证上岗和资格管理制度，大力提高执法人员素质。加强执法保障建设，加快推进执法信息化建设，继续实施水政监察队伍能力建设，提高水行政执法监管能力和水平。三是加大执法力度。继续组织开展专项执法检查活动，严厉查处非法采砂、侵占河湖、非法设障等案件，整治涉水违规行为，遏制水事违法案件频发势头，确保法律法规得到严格实施。加强部门执法协作，建立水行政执法机构与公安机关案情通报机制。做好最高人民法院、最高人民检察院关于河道非法采砂适用"非法采矿罪"司法解释宣贯工作，建立水行政执法与司法衔接机制。四是坚持预防为主，妥善预防处置水事矛盾纠纷。对尚未得到妥善处理和根本解决的水事纠纷，逐一加以研究，落实措施，加强协调。对个别久议不决的纠纷，依照法定权限和程序裁决。更加注重预防，建立健全水事矛盾纠纷排查化解机制，将矛盾纠纷化解在萌芽状态。进一步落实政府负责、部门配合的水事纠纷调处机制，建立健全地方政府和流域机构的协商机制和处理制度，及时就地化解水事纠纷。

第三，深入推进水利依法行政，着力构建严密的水法治监督体系。一是规范优化审批流程，提高审批效率。大力推进行政审批标准化建设，减少许可事项申报材料，压缩审批时间，落实高速公路等国家基础设施涉水行政审批改革措施，为国家重要基础设施建设创造良好的制度环境。加快水利部行政审批网上监管平台建设，逐步实现行政审批实体大厅向网上审批大厅延伸。强化行政许可事中事后监管，真正做到该管的管住管好，不该管的不管不干预，大力提高水利管理科学化水平。二是提高行政复议办案质量，加强行政应诉工作。新《行政诉讼法》确立了“双被告”制度，复议机关接受司法审查，对办案质量提出了新的更高要求，同时倒逼复议机关尽量解决行政争议。公正是行政复议制度的“生命线”，加大调查力度，提高行政复议审查强度，提升办案质量，力争将涉水行政争议化解在萌芽状态、初发阶段和行政程序中，实现法律效果和社会效果的统一。高度重视行政应诉工作，认真做好答辩举证工作，依法履行出庭应诉职责，自觉接受司法监督，充分尊重法庭权威，积极履行人民法院生效判决，促进水利依法行政。三是建立水利部法律顾问、公职律师制度。按照十八届四中全会精神和中共中央办公厅、国务院办公厅《关于推行法律顾问制度和公职律师公司律师制度的意见》要求，建立以党内法规工作机构、政府法制机构人员为主体，吸收法学专家和律师参加的法律顾问队伍；设立公职律师，履行党政机关法律顾问承担的责任，受水利部委托，代表水利部从事律师法律服务。充分发挥法律顾问、公职律师作用，全面提高水利部依法行政、依法办事水平。

第四，持续开展水利法治宣传教育，着力构建有力的水法治保障体系。一是建立依法治水管水工作考核评价制度，把依法治水管水工作成效作为衡量领导班子和领导干部工作实绩重要内容，纳入政绩考核指标体系，把能不能遵守法律、依法办事作为考察干部的重要内容，推动各级水利领导干部自觉增强依法行政意识，提高运用法治手段处理和解决问题的能力。二是编制水利“七五”普法规划和水利普法依法治理年度要点，弘扬法治精神，增强全民水法治观念。组织开展“世界水日”“中国水周”等主题宣传活动。三是落实《关于完善国家工作人员学法用法制度的意见》，推动领导干部和国家工作人员学法用法工作制度化、规范化，进一步健全完善学法用法各项制度。建立“谁执法谁普法”的普法责任制，明确普法责任主体和职责，建立普法责任清单。四是多措并举，不断创新法治宣传教育内容与方式方法。整合传统媒体与“法治水利”微信公众平台等新媒体的传播优势，打造全媒体大普法格局，形成浓厚的水法治文化氛围，夯实水生态文明的文化内涵。

强化水利监督管理
提升安全生产水平

许文海

水利安全事关人民生命财产安全，事关水利事业健康发展。“十三五”期间，我们将深入贯彻党中央、国务院关于安全生产工作的决策部署，坚持“安全第一、预防为主、综合治理”方针，认真落实水利部党组各项要求，加强领导，落实责任，强化监管，积极作为，确保水利工程建设和运行生产安全，保持水利安全生产形势平稳向好，为水利改革发展提供坚实保障。

一、“十二五”时期水利安全生产监管工作积极推进

“十二五”期间，水利投资规模大，建设任务重，水利安全生产任务艰巨。在水利部党组的高度重视和正确领导下，全行业认真贯彻落实中央水利工作和安全生产大政方针，真抓实干，攻坚克难，水利安全监督各项工作有力推进。“十二五”期间，在水利投资大幅度增长的背景下，水利安全生产形势持续稳定，没有发生重特大安全事故。与“十一五”同期相比，发生事故起数和死亡人数分别降低56％和54％。

安全责任不断强化。按照“党政同责、一岗双责、失职追责”“管行业必须管安全、管业务必须管安全、管生产经营必须管安全”的要求，流域机构和省级水行政主管部门中有37个单位的党政“一把手”担任安全生产领导小组组长或安委会主任，形成了主要领导负总责、安全生产分管领导和专业分管领导齐抓共管的良好局面。各单位层层签订安全生产责任状或承诺书，将安全生产责任逐级分解细化，落实到岗到人，开展安全生产工作考核，严格落实安全生产“一票否决”制度。各级水行政主管部门的安全监管职责和水利生产经营单位的安全生产主体责任不断得到强化。

监管机构逐步建立。截至2015年底，全国所有省级水行政主管部门都成立了水利安全监督职能处室，实现了专门机构、专门人员进行专业监管，市县级专兼职管理人员不断增加，安全监督能力进一步加强。水利各专业领域安全生产管理工作进一步强化，做到了安全生产工作与业务工作同研究、同部署、同落实、同考核。水利安全生产工作实现了安全生产委员会（领导小组）领导，安全监督处室综合监管与业务处室专业监管相结合、分工负责的工作格局。

监督检查深入开展。“十二五”期间，我部围绕重点领域、重点项目、重要环节和重要时段，深入组织开展汛前安全生产检查、水利安全生产领域打非治违专项行动、预防施工起重机械脚手架等坍塌事故专项整治、水利行业重要管线工程安全专项排查整治、水利工程建设落实施工方案专项行动、危化品易燃易爆物品安全专项整治等督导检查。我部共派出 135 个督查组，对省级水行政主管部门和部直属单位，开展安全生产全覆盖监督检查，突出重大水利工程建设安全生产监管，组织水利行业各单位共排查出一般事故隐患 6 万余项。

法规制度日趋完善。加快推进水利安全生产法规制度和标准规范制修订工作，积极构建较为完善的水利安全监督制度标准体系。先后颁布了《水利工程施工安全管理导则》《水利工程施工安全防护设施技术规范》《水利水电工程施工安全管理导则》；印发了《水利工程建设安全生产监督检查导则》《水利水电工程施工企业主要负责人、项目负责人和专职安全生产管理人员安全生产考核管理办法》。在新发布的《水利工程设计概（估）算编制规定》中，明确了水利建设工程安全生产措施费取费标准。

信息化建设稳步推进。开发建设水利安全生产信息上报系统，全国 60547 家水利企事业单位、386878 座规模以上水利工程的基本状况、安全生产责任人、隐患排查治理和事故管理等信息，全部录入全国水利安全生产信息库，实现了安全监管信息的动态更新。依托信息上报系统，采取“不发通知、不打招呼、不听汇报、不要陪同接待，直奔基层、直插现场”的“四不两直”等方式，深入组织开展安全生产检查和隐患排查，增强了安全生产监督管理的针对性和时效性，有效提升了安全监管效能。

标准化建设逐步开展。制定出台了水利安全生产评审标准和实施细则，建立了评审专家库，开展了两批安全生产标准化一级单位评审，已有140家水利生产经营单位通过了评审。地方安全生产标准化建设工作陆续展开，已经有22个省（自治区、直辖市）和4个计划单列市出台了水利安全生产标准化二、三级评审管理办法，有的地方还将标准化等级纳入水利建设市场招投标和信用体系。标准化建设的深入开展，有力推进了水利生产经营单位安全生产管理水平的提高。

“十二五”期间，水利安全生产工作虽然取得了一些成绩，但是一些地方、部门和单位仍存在着安全意识不强、责任落实不到位、宣教培训不深入、监管力量不足、监管力度不够、事故处理和隐患治理有待加强等突出问题，与日益繁重的水利安全生产工作任务还不相适应。

二、“十三五”时期工作思路和重点任务

“十三五”是水利跨越式发展的关键时期，是水利全面深化改革的重要阶段，水利安全生产监管工作要深入贯彻落实中央关于推进安全生产领域改革发展的意见，以防范重特大事故、减少较大事故和一般事故为目标，以落实安全生产责任为重点，以建立健全安全制度为基础，以风险分级管控、隐患排查治理、宣传教育培训为关键环节，强化监督检查、两化建设、工作考核、应急处置等措施，推进水利安全生产工作法治化、科学化、现代化，持续保持水利安全生产形势总体平稳向好。

第一，健全安全生产责任体系，提升负责履责能

力。安全生产责任制是安全生产管理制度的核心，负责履责是最基本要求。一是要落实主体责任。水利生产经营单位是安全生产的责任主体，必须按照《安全生产法》的有关规定，明确单位主要负责人与其他负责人、职能部门及其工作人员、工程技术人员和各岗位操作人员的安全管理责任，层层加以严格落实。二是要落实监管责任。各级水行政主管部门要按照“管行业必须管安全”的要求，进一步明确安全生产监督管理责任，坚持综合监管和专项监管相结合，建立安全生产责任与权力清单，依法严格履行安全监管职责。三是要完善考核机制。建立安全生产评价指标体系，进一步完善水利安全生产监管工作考核，严格落实“一票否决”。加大依法追责力度，一旦发生事故，坚决按照“四不放过”和“失职追责”的原则，对责任人进行严肃追责。

第二，加强安全风险隐患管控，提升治本攻坚能力。安全监督重在预防、贵在治本。必须把风险管控挺在隐患前面，把隐患排查治理挺在事故前面，构建点、线、面有机结合的安全风险分级管控和隐患排查治理双重预防工作体系，防患于未然。一是建立风险分级管控工作体系，加强风险辨识，分级采取措施控制风险，增加安全系数。二是出台水利生产安全重大事故隐患判定标准，增强水利生产经营单位对隐患的判别和管理能力。三是切实落实水利生产经营单位风险管控和隐患排查治理主体责任，建立健全危险源管控、隐患排查治理制度并严格落实。四是建立责任倒查追究机制，对因风险管控和隐患排查治理不到位而导致事故发生的要严肃问责追责。

第三，夯实水利安全生产基础，提升服务保障能力。强化基础是做好安全生产工作的重要保障。一是强化安全生产监督管理机构和队伍建设，督促地方进一步充实安监队伍，配备必要的设备装备，保证正常工作经费，全面提升安全监管能力。二是加强水利安全生产制度标准体系建设，进一步做好水利安全生产规章制度完善工作，积极推进有关规章制度和标准的制订工作。三是把教育培训摆在更加重要的位置，继续强化安全生产教育培训，进一步提高各类人员的业务素质和能力水平。四是引导和督促水利生产经营单位加大安全投入力度，确保落实各项安全生产防范措施的资金需求。五是加强水利安全生产执法体系建设，实行行政执法人员持证上岗和资格管理制度，积极争取落实相关执法保障措施，规范执法行为，提高执法水平。

第四，推进标准化信息化建设，提升科技支撑能力。科技是提升水利安全生产监督管理效能的催化剂。一是深入开展水利安全生产标准化建设，有效规范安全管理行为，全面提高水利生产经营单位安全生产管理水平。二是加快推进水利安全生产信息化建设，做到水利安全生产状况实时动态掌控。三是鼓励安全生产新技术新材料新装备应用，大力支持水利工程建设与运行管理单位科技创新，采用先进适用的技术材料装备，提高安全可靠性，减少事故发生率。四是支持发展水利行业安全生产专业化组织，通过购买必要的安全生产服务，让更多的技术服务机构参与安全生产管理工作，不断提升水利生产经营单位和水行政主管部门安全管理水平。

第五，健全应急处置工作机制，提升事故应对能力。提高应急处置能力是水利安全生产工作的基本要求。一是加强水利安全生产应急管理。建立健全水利安全生产应急管理体系，明确应急指挥机构、工作机构及其职责，分类指导和有效协同地方政府、相关部门以及专业机构的应急工作。二是加大应急管理宣传和信息管理力度，建立健全应急值守、信息报告和突发事件报告发布制度。三是进一步完善安全生产应急预案体系，综合预案、专项预案和现场处置方案有效衔接，增强预案的针对性和可操作性。四是加强应急救援演练，增强部门之间的配合协调，提高防范和处置突发事件的能力。

第六，深入开展安全监督检查，提升水利监管能力。开展经常性的监督检查是当前和今后一个时期加强水利安全监督管理的重要手段。一是按照国务院安委会的部署，根据水利行业实际，认真开展水利安全生产监督检查。二是突出重点领域、重大项目、重要环节和重要时段，深入开展专项整治，严格安全生产条件市场准入，严厉打击违法违规行为。三是建立重大水利工程建设安全生产巡查制度，实现在建重大水利工程安全生产监管全覆盖，确保重大水利工程建设生产安全。四是加大监督检查执法力度，对非法违法、违规违章行为，严肃依法处理，建立安全生产违法行为信息库，与企业信用评级挂钩。

加快水文测报服务能力建设

蔡建元

“十二五”期间，我国水文事业步入快速发展的轨道，在水文站网布设、水文基础设施建设、水文监测、水文情报预报等方面取得了明显成效，服务领域不断拓展，服务能力不断增强，在防汛抗旱减灾、水工程规划建设运行、水资源开发利用管理、水生态环境保护等经济社会发展各项事业中发挥了重要作用。

一、“十二五”期间水文建设成效

2011—2015 年共安排水文建设项目投资计划 180.55 亿元（中央投资 103.85 亿元），先后实施了中小河流水文监测系统建设工程、水文水资源工程、省界断面水资源监测站网水文站改建、大江大河水文监测（一期）、水资源监测能力（一期）、水文实验站改建等项目。通过建设，水文站网得以充实和完善，水文监测范围大幅扩展，水文监测能力明显增强，水文信息服务水平有所提高，水文工作满足经济社会发展和水利工作需要的水平进一步提高。

水文站网得到充实完善。近年来，我国水文站网得到快速发展，大江大河、中小河流等水文站点不断充实，水文站网布局和整体功能得到明显提升，除西部地区尚存在一定范围的水文监测空白区外，初步形成覆盖江河湖库、布局较为合理、观测项目齐全、整体功能较为强大的水文站网体系。目前，全国共有各类水文测站近10万处，是“十一五”期末的2倍，水文监测覆盖范围不断拓展。

水文测报能力大幅增强。通过不断建设，我国水文基础设施长期以来存在的陈旧落后面貌得到了全面改观，危旧设施基本得到改造，技术装备整体水平稳步提升，水文监测正处于由传统方式向现代化方式转变的阶段，水文测报自动化程度不断提高，雨量、水位等要素自动监测率由“十一五”期末的70%提高到90%以上，在流量、泥沙、水质等要素监测推广等领域应用了先进仪器设备和技术手段，全部实时水文信息在20分钟内传输到各级防汛指挥机构，水文信息准确性、可靠性和时效性明显提高。

水文信息服务水平显著提升。随着水文站点成倍增长，水文信息量大幅增加，中央报汛站增加到9.7万处，较“十一五”期末增加13倍，每年接收雨水情信息达7.1亿份，增加25倍。全国主要江河洪水预报断面增加到1700个，洪水预报总体合格率由80%提高到90%以上，预见期由1～3天延长至3～5天。除洪水预报外，还开展了水资源、旱情、地下水和水质等分析预测工作。近年来，水文部门积极推进水情预警发布工作，制定了700多个主要江河重要断面的预警指标，及时发布预警信息，有效增强了人民群众防灾避险意识，减轻了灾害损失。此外，通过计算机网络和各类公报，及时向政府部门和社会公众提供大量水文服务，满足日益增长的水文信息需求。

应急监测体系初步建立。近年来，国家加强了水文应急监测能力建设，安排了7个流域机构和32个省级水文部门（含新疆生产建设兵团）水文应急监测队建设，配备了先进实用的水文应急监测技术装备。水文部门加强应急演练，不断完善应急监测工作机制，初步形成了反应迅速、技术先进、保障有力的水文应急监测体系，应急响应和应急处置能力不断增强，在四川芦山地震、甘肃舟曲特大滑坡泥石流、云南鲁甸地震、东方之星旅游客船翻沉、浊漳河苯胺泄漏等突发事件处置中提供了有力支撑。

二、水文建设面临的形势和存在的问题

新时期中央加快水利改革发展决策部署和中央新时期水利工作方针都对水文工作提出了新的更高的要求：党的十八大提出建设生态文明，水文信息作为水生态环境的重要基础信息，要为生态文明建设提供支撑和保障。《中共中央 国务院关于加快水利改革发展的决定》明确提出要强化水文基础支撑，加强水文基础设施建设，扩大覆盖范围，优化站网布局，全面提高服务水平。《国务院关于实行最严格水资源管理制度的意见》明确要求加强水量水质监测能力建设，为“三条红线”管理提供基础支撑。此外，随着经济社会的不断发展，防汛抗旱减灾、水资源管理保护、水生态环境修复、应

对气候变化以及城镇化发展等都要求进一步加强水文基础设施建设，不断拓宽服务领域，提升服务水平，以全面优质的水文信息为水资源可持续利用和经济社会可持续发展提供可靠的基础支撑。

当前，水文监测能力建设依然不能满足经济社会发展的要求和新时期水利中心工作任务的需求，主要体现在：

水文站网体系不够完善。水文站网总体密度偏低、覆盖范围不足、布局不够合理、功能不够完善。中西部地区水文站点相对较少，尚存在水文监测空白区；全国地下水监测站平均密度未达到国家标准下限，尤其地下水超采区、南水北调受水区、地面沉降区和地下水水源地等监测站点不足；行政区界、取退水口、重要水资源调度与配置工程输水线路等水文站网不完善；现有水文实验站少，实验手段落后，实验项目单一；城市水文监测设施薄弱；水生态监测亟待加强。

水文监测能力不足。部分基础设施建设标准低，设施设备老化严重，不能满足防洪测洪和安全生产需要；水文测报手段和技术水平总体落后，先进仪器设备和技术手段推广应用有待加强；水文巡测基地建设滞后，巡测能力不足；水质监测能力不足，仪器设备配备不完善，分析化验手段落后，应急反应能力差，水生态监测亟需加强；地下水信息采集、传输、处理手段落后，时效性差。

水文业务系统建设滞后。全国分布式水文数据库建设不完善，国家基本水文数据统一管理平台尚未建立；

水文业务应用系统建设滞后，水文数据深加工不够，信息产品单一，服务手段和水平低；水文信息服务共享平台尚未建立，制约了水文信息的共享和应用。

三、“十三五”期间水文建设的目标和任务

“十三五”期间是我国水文工作实现持续快速发展的关键时期，规划目标任务的实现将使得全国水文基础设施得到快速发展，水文站网布局和功能更趋完善，水文测报能力显著增强，水文服务水平明显提高，为经济社会可持续发展和水利工作提供更好的水文信息服务。

（一）建设目标

根据经济社会发展和水利工作的总体部署、格局与重点，紧紧围绕防汛抗旱减灾、水资源开发利用管理、水生态环境保护、水工程规划建设管理等重点任务，结合全国水文发展的实际需求，努力夯实水文站网基础，加快水文建设进程，逐步建成功能基本齐全的水文站网体系，自动化水平较高的水文监测体系，手段先进、快速准确的水文服务体系，提升水文现代化水平和服务支撑能力，为水资源可持续利用和经济社会可持续发展提供可靠支撑。

（二）主要工作任务

2013 年 12 月，国家发展改革委和水利部联合印发了《全国水文基础设施建设规划（2013—2020 年）》，明确了当前和今后一段时期水文基础设施的建设目标和主要工作任务，为加强水文建设提供了重要依据。

一是完善水文站网。继续完善大江大河水文站网布

局和功能，充实西部地区水文站点，填补水文监测空白，提高水文站网覆盖率，实现对大江大河和主要支流水文情势的有效控制；充实跨界河流水文站网，实现《国际河流水文站网建设规划》确立的目标；加强地下水监测站网建设，实现对350万平方公里重点区域地下水动态的有效监测；充实和优化重要水域、河段水质监测站点和布局，满足水资源管理保护和生态文明建设的需要；加强土壤墒情监测，基本满足抗旱减灾、水资源管理工作对土壤墒情监测的需要；加强省界断面水资源监测，为确定水量分配方案的53条河流水资源量化考核和区域水资源管理提供支撑；加快发展城市水文站网，满足城市防洪排涝、供水保障和涉水事务管理需要；进一步优化水文实验站布局，初步形成满足水文基础理论和应用技术研究需要的水文实验研究体系；布设水生态监测站网，建立健全水生态监测体系，满足维护河湖健康和生态修复评价等需要。

二是提高水文监测能力。全面贯彻《水利部关于深化水文监测改革的指导意见》；完善现有水文测站、水文监测中心基础设施设备，加快对现有测报设施设备的更新改造步伐，提高水文设施防洪测流能力；全面提高雨量、水位信息采集自动化水平，结合工作需要配备先进实用可靠的仪器设备，在水文监测预警方面广泛应用雷达、卫星、遥感等新技术，提高现有水文测站水文信息的采集、传输、处理的技术手段和水平；优化水文巡测基地布局，完善现有基地功能，加强巡测能力建设，满足站队结合水文巡测和水文测验方式改革、扩大水文资料收集范围和服务领域需要；加强水质监测中心建设，初步建成满足重要水功能区和省界水体监督管理需要的水质监测体系；加强水情分中心建设，提高信息传输时效性，为各级政府防汛抗旱指挥提供决策依据；继续加强水文应急监测能力建设，提升突发水事件应急监测能力。

三是提升水文信息服务水平。基本建成国家水文数据库的中央、流域（含流域机构所属单位）和省级节点，形成技术先进、标准统一的集中与分布相结合的水文数据库运行管理体系，实现对全国基本水文信息的查询和共享，着力提高水文信息共享服务水平；开发各类水文信息服务产品，着力提高水文水资源预测预报预警和信息服务能力，为国民经济和社会发展提供主动、及时、优质、高效的水文信息服务。

四、保障措施

“十三五”是加快推进水文建设的关键时期，要切实采取有力措施保障建设目标和任务圆满完成。

一是加强组织领导。各级水文部门要高度重视，充分认识加强水文基础设施建设的重要性和紧迫性，分解细化建设目标任务，明确责任分工，细化工作方案，合理配置资源，加快水文建设发展步伐。

二是做好建设项目前期工作。各级水文部门要依据建设任务，按照突出重点的原则，加强与有关部门的沟通协调，落实前期工作经费和条件，确保前期工作深度和质量，按照建设程序，结合水文建设项目特点，加快推进项目实施进程。

三是加大水文建设投入。积极协调发展改革、财政部门进一步加大对水文工作的支持力度，在投资政策上予以支持，在经费安排上予以倾斜，切实加大水文建设投入。

四是强化水文项目建设管理。按照国家基本建设程序和项目建设管理的有关要求，制定完善相应的管理制度，切实加强水文项目立项审批、计划下达、招标投标、合同管理、资金使用、项目验收等各个环节的管理。

五是加强水文设施运行管理。项目建成后要按照有关规定及时组织竣工验收并移交相关水文部门进行运行维护，及早发挥效益。同时，要制定和完善相应的管理制度，落实运行维护经费和人员，明确职责，切实加强水文设施运行维护。

全面推进水利科技创新

刘志广

基础研究水平和创新能力是一个国家科技实力和综合国力的重要标志。党的十八届五中全会把创新摆在国家发展全局的核心位置，强调大力实施创新驱动发展战略，全国科技创新大会吹响了建设世界科技强国的号角，《水利改革发展“十三五”规划》将科技兴水作为重要内容。在“十二五”水利科技工作取得重大成就的基础上，“十三五”时期将全面推进水利科技创新工作，以科技创新支撑和引领水利改革发展。

一、“十二五”水利科技创新取得的成效

“十二五”时期，水利科技工作全面深入贯彻创新驱动发展战略和中央水利工作方针，聚焦水利改革发展实际需求，深化水利科技体制改革，推进水利科技创新体系建设，在水利重大问题研究、科研条件平台建设、科技体制改革、技术标准体系建设等方面取得明显成效。水利科技进步对水利发展的贡献率达到53.5%，为水利可持续发展提供了有力的科技支撑和保障。

重大问题研究取得突破。围绕国家水安全保障科技需求，统筹组织行业内外优势科研力量，联合开展原始

创新、集成创新和引进消化吸收再创新，重大创新成果不断涌现。先后有 24 项科技成果获国家科技进步奖，200 项科技成果获大禹水利科学技术奖。“流域水循环演变机理与水资源高效利用”和“水库大坝安全保障关键技术研究与应用”连续荣获 2014 年和 2015 年度国家科技进步一等奖。

支撑保障作用明显增强。紧密结合治水兴水实践，大力倡导科技创新，水利建设与管理的科技含量明显提高。水资源管理红线指标管控与监测技术等成果，为落实最严格水资源管理制度提供了科学依据；洪涝干旱灾害预测预报与风险分析等成果，为各级防汛抗旱指挥部门超前决策、有效应对提供了技术支持；水库大坝安全监测、诊断分析、预测预警和风险管理等成果，有效降低水库大坝病险率，全国水库安全水平得到明显提升；河道泥沙模拟与水沙调控技术等成果，为长江、黄河等大江大河治理提供了重要基础；农业高效用水与饮用水安全技术及设备等成果，为农业节水和农村饮用水达标提供了保障；大型水利工程施工成套技术装备研制与应用，以及大型实体模型试验研究，为重大水利工程建设与运行提供了支撑。

科研条件平台建设稳步推进。以中国水科院、南京水科院为依托的 2 个国家级水利科技创新基地基本形成。目前水利部已建成 2 个国家重点实验室、2 个国家工程技术研究中心、10 个部级重点实验室和 13 个部级工程技术研究中心，基本形成布局合理、特色鲜明的科研条件平台体系，科研实验条件明显改善，部分实验室科研能力达到国际先进水平。

技术引进与推广转化成效显著。积极落实中央财经领导小组第五次会议精神，加大节水、治污、水生态修复等先进技术引进与推广转化项目的顶层设计与定向组织。持续不断跟踪国际水利科技前沿，重点引进了毛细节水灌溉技术等 200 余项先进实用技术。采取“面上推介培训、点上示范指导”等方式，河道生态建设植物措施应用技术等 300 余项先进实用的水利科技成果得到推广转化，在水资源节约与保护、防灾减灾等各个领域发挥了重要作用。

科技改革取得重要进展。完善了水利科技项目与经费管理、科研诚信制度、廉政风险防控等系列规章制度。稳步推进部属科研机构改革，进一步优化科研机构布局，拓展服务领域，融合产学研用。积极参与国家科技计划管理改革任务部署，国家重点研发计划涉水重点专项取得重大突破，“水资源高效开发利用”重点专项 2016 年优先启动实施，水旱灾害监测预警与防范、水土保持等重大科技问题在其他重点专项中也得到充分体现。

水利标准制修订与实施不断加强。修订完成 2014 版《水利技术标准体系表》，收录标准 788 项。“十二五”期间新制订、修订标准 361 项，进一步强化了标准化在水治理体系中的基础保障作用。翻译完成坝工建设、小水电等 24 项标准英文版，在拉美、非洲、东南亚和西亚部分国家的流域综合规划、工程设计等领域得到应用。水利建设质量考核被列为国务院对省级政府质量考核的重要内容。以标准为依据、计量为基础、认证认可为手段、质量为标志的水利技术监督工作体系不断完善。

二、水利科技创新面临的形势、要求和问题

当前，全球新一轮科技革命蓄势待发，水利科技创新呈现新的态势和动向，一是治水理念发生变化，对水利科技创新提出新要求；二是科学技术进入快速发展新阶段，科技竞争日趋激烈；三是信息网络、人工智能、先进制造、新材料等相关领域的科技革新，催生着水利科技再创新。未来一段时间，世界范围内水利科技创新将主要集中在变化环境下水循环过程的再认识与水安全保障、水资源绿色开发与高效利用、水系统保护与修复、信息化与智能化管理技术创新与应用、水与经济社会系统的互馈与调控等领域。

我国是世界上水问题最为突出和复杂的国家。人多水少，水资源时空不均，与人口、耕地、能源、矿产资源等分布不相适配。随着国家城镇化、工业化、生态文明进程的推进和区域发展战略的实施，加之气候变化影响，我国水安全新老问题交织，老问题仍有待解决，新问题愈加突出，这也给我国水治理赋予了全新的内涵，提出了崭新的课题。2014 年，中央确立了“节水优先、空间均衡、系统治理、两手发力”新时期治水方针，为水利科技创新指明了方向。《水利改革发展“十三五”规划》提出了我国在“十三五”期间用水总量、万元国内生产总值用水量、万元工业增加值用水量、重要江河

湖泊水功能区水质达标率、洪涝灾害和干旱灾害年均损失率、城镇和工业用水计量率、农业灌溉用水计量率等主要发展指标，为水利科技创新提出了新的要求，需要更加注重开展水利基础理论研究、应用技术研发、技术推广与科学普及，不断提高水利科技自主创新水平和科技贡献率。

党的十八届五中全会确立了“创新、协调、绿色、开放、共享”的发展理念，指出创新是引领发展的第一动力，必须摆在国家发展全局的核心位置。全国科技创新大会明确了新形势下加快实施创新驱动发展战略的必要性、紧迫性和重要性，吹响了建设世界科技强国的号角。面对深入实施创新驱动发展战略、加快推进水利改革发展的新要求，面对日新月异的世界科技发展新趋势，水利科技创新和成果转化的体制机制需要进一步完善，水利改革发展重大科技问题研究需要进一步深入，科技领军人才和优秀创新团队需要进一步培育，水利科技创新投入需要进一步加大，水利科技创新平台建设需要进一步加强，水利技术标准国际化步伐需要进一步加快。“十三五”期间，必须牢牢把握机遇，不断深化体制机制改革，树立创新自信，激发科技创新活力，提高科技创新能力，开创水利科技工作新局面。

三、“十三五”水利科技发展思路

全面贯彻党的十八大、十八届三中、四中、五中、六中全会和习近平总书记系列重要讲话精神，坚持“创新、协调、绿色、开放、共享”的发展理念，深入实施创新驱动发展战略，按照“节水优先、空间均衡、系统治理、两手发力”的新时期水利工作方针，紧紧围绕全面建成小康社会和进入创新型国家行列的宏伟目标，以服务国家需求为导向，以支撑和引领水利改革发展为中心，以提升科技创新能力为主线，瞄准国际水利科技前沿，围绕当前影响水利改革发展的关键科技问题，以及对未来水利科技发展有重要影响的基础性问题，全面推进水利科技体制改革，健全水利科技创新体系，努力争取在重点领域、关键环节和原始创新上实现新突破，为国家水安全提供科技支撑和保障。

强化改革引领。按照国家科技体制改革总体部署，深入推进水利科技体制改革，着力解决制约科技创新活力的体制机制问题，改进管理方式，简政放权，扩大科研院所创新自主权，以管理创新推动水利科技创新。

突出需求导向。聚焦水利改革发展重大需求，明确主攻方向和重点突破口，加强基础研究、应用技术研发、示范转化和推广应用的全链条设计，加强技术标准制定，推广新技术新方法，促进水利科技与水利生产实践及经济社会发展紧密结合。

遵循创新规律。重视基础性工作，加强原型观测和科学实验。推动目标导向和自由探索相结合，支持特定领域持续跟踪研究。提高科研项目和资金管理水平，大力营造勇于探索、鼓励创新、宽容失败的氛围，为科技创新创造良好条件和宽松环境。

坚持人才为先。人才是创新的第一资源，创造有利于科技人员潜心研究和成才的环境，建立科学、具有激励导向的业绩和人才评价体系，促进人才合理流动，坚持培养和引进相结合，加强领军人才培养和创新团队建设。

扩大开放合作。以开放的理念促进科技创新。加强国内水利科研机构、高校和中科院学术交流和合作，推进产学研用结合。加强国际合作和交流，不断提升水利科技国际影响和地位。

四、“十三五”水利科技创新主要任务和措施

“十三五”全面推进水利科技创新的具体目标是：到2020年，水利科技创新水平进入世界先进国家行列，满足建设创新型国家要求。健全完善水利科技创新体系，建设一批国际一流的科技创新平台，建设一支结构合理、素质优良的水利科技创新人才队伍，创新能力显著增强，一批事关水利发展与改革的重大科技难题得到解决，先进科技成果广泛应用。在继续保持泥沙研究、坝工技术、水资源配置和水文预报等领域国际领先水平的基础上，水资源高效利用、防洪减灾、水生态保护与修复、水利水电工程调度与控制等领域跻身先进国家行列，形成一批具有重要影响力的基础理论、技术方法、仪器装备创新成果。水利科技进步贡献率提高到60%，支撑和引领水利可持续发展。

一是全面深化水利科技体制改革。加快推动政府职能从研发管理向创新服务转变。扎实做好创新驱动发展战略在水利领域的顶层设计和组织实施，重点做好水利科技发展战略、规划、政策、标准的制定和实施。加快

实施《关于实施创新驱动发展战略 加强水利科技创新若干意见》，为水利科技创新营造良好的政策环境。积极参与国家科技计划管理改革。按照新的科技计划体系，抓好水利重大科技问题的梳理，加强科技与生产实践的结合，使水利重大科技需求在新的国家科技计划体系中得到充分体现。继续推进科研机构改革。指导非营利科研单位参加事业单位分类改革，加快推进部属科研院所现代化转型进程。加强与科技部等部门沟通协调，积极推进部属 4 个转制科研机构重新分类定性，努力解决历史遗留问题。

二是着力破解重大水利科技问题。认真做好“水资源高效开发利用”“重大自然灾害监测预警与防范”等重点专项的组织实施工作，突破综合节水及非常规水资源开发利用、水循环信息精准监测与预报、水资源系统多目标智能化调度、水生态保护与修复、水旱灾害防治与风险管理、复杂条件下大型水工程建设与安全运行、河湖综合整治与水沙调控等关键技术，以我国重点经济区、重大城市群、重要江河、重大水工程等为依托开展应用与示范，全面支撑国务院确定的 172 项重大水利工程建设，保障京津冀、长江经济带、丝绸之路经济带等重点经济区及粮食主产区、能源基地的水安全，支撑水资源管理红线控制目标的实现。

三是加快推进科技成果转化应用。从供给侧改革科研成果管理和评价体系，完善科技成果评价制度。认真落实《促进科技成果转化法》，研究制定促进水利科技成果推广应用的指导意见，激发科技人员的创新、创业热情，着力推进水利科技成果转移转化。做好水利技术示范项目的组织凝练，力争在重点领域推广示范先进实用技术500余项。利用互联网，积极打造先进实用水利技术宣传推广平台，方便用户可便捷获取所需的技术信息。加强技术推介与培训，努力把先进实用技术成果送到基层、送到田间，真正使广大基层水利单位掌握并使用。

四是稳步提升科技创新基础实力。紧密围绕水利发展需求，加强创新平台建设，创新运行机制，促进科技资源开放共享，夯实水利科技创新的基础。积极争取部属科研单位纳入国家重大创新基地建设试点。面向国家目标，加快推进国家（重点）实验室、国家工程技术研究中心建设。加强部级科技创新平台建设和管理，根据水利行业发展需求，启动一批部级重点实验室与工程中心建设。新建一批水文、生态、水土保持、节水灌溉等野外实验站网，加强基础科学实验。建立科研仪器设施开放共享机制，大幅提升科技资源利用效率。建设一批水利科普教育基地，传播普及水利科学知识。

五是实施标准化战略。贯彻国务院《深化标准化工作改革方案》，落实《水利技术标准体系表》，以强制性标准为重点，全面提升标准技术水平，培育发展团体标准，不断提高水利技术标准对水利中心工作的支撑力度。以国际组织标准和国际工程项目需求为导向，引进来，走出去，参与全球水治理国际技术规则制定。强化水利标准实施与监督的力度。建立健全水文要素、大坝安全监测等量值传递溯源体系，加强农村饮水安全和

“纳污红线”考核所需标准物质的开发研制。开拓水文机构、水管单位、水生物监测单位等资质认定工作。稳步推进水利质检机构整合。建立健全重点水利工程建设和产品质量国家监督抽查制度，强化质量考核。

大力实施人才优先发展战略

侯京民

在水利部党组的正确领导下，水利人才工作始终坚持围绕中心、服务大局，深入贯彻党中央的决策部署和习近平总书记系列重要讲话精神，注重顶层设计，注重服务基层，注重全面发展，为水利事业又好又快发展提供了坚强的人才支撑和智力保障。

一、统筹推进，水利人才队伍建设呈现新面貌

“十二五”期间，水利部党组大力实施人才优先发展战略，统筹推进各类水利人才队伍建设，取得了显著成效。水利人才总量进一步增长，截至2015年底，党政人才9.1万人，专业技术人才36万人，高技能人才18.3万人，经营管理人才6.8万人。学历层次、等级结构不断优化，具有中专及以上学历的人员、副高级以上专业技术人才和高技能人才比例明显提高（表1）。领军人才数量显著增加，国家级高级专家数量较“十一五”末增长近8%。基层水利人才队伍建设成效突出，人才文化和专业素质显著提升。

人才工作组织体系进一步健全。坚持党管人才工作原则，成立了由党组书记、部长陈雷同志任组长的水利

表 1　全国水利人才队伍建设"十二五"规划指标完成情况表

类别	指标	2010年底比例	规划目标	实际完成	增减情况
党政人才队伍	大学本科以上学历人员	49%	66%	58%	9%
专业技术人才队伍	高级专业技术资格人员	13%	15%	13%	0
技能人才队伍	技师和高级技师职业资格人员	6%	9%	10%	4%
经营管理人才队伍	高层次经营管理人员	16%	18%	19%	3%
水利系统	中专以上学历人员	61%	69%	69%	8%
	大学本科以上学历人员	18%	22%	27%	9%
部直属单位	中专以上学历人员	70%	77%	80%	10%
	大学本科以上学历人员	36%	41%	50%	14%
地方水利系统	中专以上学历人员	60%	68%	69%	9%
	大学本科以上学历人员	17%	20%	26%	9%
基层水利人才队伍	中专以上学历人员	33%	45%	65%	32%
	县市水利局领导班子中具有大学本科以上学历人员	49%	60%	54%	5%
	乡镇水利站负责人中具有大学专科以上学历人员	54%	65%	68%	14%

部人才工作领导小组，部属单位和地方水利部门普遍成立了人才工作领导机构，全系统形成党委（党组）统一领导，人事部门牵头抓总，有关部门密切配合、上下联动、协调高效的人才工作新格局，为水利人才队伍建设奠定了坚强的组织基础和体系保障。

人才发展布局进一步优化。部党组把人才工作纳入水利发展整体布局，确立人才优先发展的战略地位，围绕水利改革发展需求，抓实抓好全国水利人才队伍建设顶层设计，着力实施学术技术带头人梯队建设等7项重点人才培养工程，大力培养水利改革发展所需的各类人才，形成了水利事业与水利人才工作全面协调发展的良好格局。

人才发展机制进一步完善。深入推进人才发展机制改革和政策创新，研究制定《水利部人才奖励办法》《关于进一步完善干部教育培训激励约束机制的意见》等制度，进一步完善人才培养开发、考核评价、选拔使用、激励保障、流动引进等工作机制，使人才能够充分体现价值、发挥效能，逐步建立更加完备的人才工作体制机制。

人才工作信息化建设进一步推进。适应人才工作信息化发展需求，不断加强人才引进、培训、评价等方面信息化建设。充分发挥网络教育培训优势，开发优质资源，扩大培训覆盖面，满足干部职工多样化学习需求。在全国党员干部现代远程教育平台开设“民生水利”专栏，强化基层党员干部水利政策及专业知识的宣传教育。开发水利部职称管理信息系统，提高了职称评审工作的信息化和规范化水平。

后备人才培养能力进一步加强。与教育部联合印发了《关于进一步推进水利职业教育改革发展的意见》，共建武汉大学等8所院校，支持华北水利水电学院等3所院校升格更名，依托河海大学成立水利部人力资源研究院，联合相关院校建立协同创新中心，推动水利院校教材、师资、实习实训基地等建设，提升水利后备人才培养能力。

二、分析形势，准确把握水利人才工作面临新任务

“十三五”是全面建成小康社会的决胜阶段，是推进水利现代化进程、提升水安全保障能力至关重要的五年，水利人才队伍建设面临新的形势和要求。

国家战略新布局对人才工作提出新要求。党的十八届五中全会站在协调推进“四个全面”战略布局的高度，强调深入实施人才优先发展战略，推进人才发展体制改革和政策创新，加快建设人才强国，为中华民族伟大复兴提供有力的人才保障和智力支撑。贯彻落实中央人才工作新要求，必须加快实施水利人才优先发展战略，全面推动水利人才工作体制机制改革与创新。

落实发展新理念对人才工作提出新要求。党的十八届五中全会提出的“创新、协调、绿色、开放、共享”五大发展理念，是做好新时期水利人才工作的根本遵循。习近平总书记指出：“人才是创新的根基，是创新的核心要素，创新驱动的实质是人才驱动。”全面实施创新驱动发展战略，要强化人才优势，加快形成一支规模宏大、富有创新精神、敢于承担风险的创新型人才队伍，最大限度地激发人才创新创造创业活力。水利适应经济社会发展，迫切需要坚实的创新人才支撑，加快推进创新型高层次水利人才培养体系建设。

水安全战略新定位对人才工作提出新要求。新时期

党中央从战略和全局高度，对保障国家水安全作出一系列重大决策部署，把水安全提升到国家战略。党的十八届五中全会把水利摆在八大基础设施网络建设的首要位置，纳入了九大风险防范的关键领域，对水利工作提出了新的更高要求。实施国家水安全战略，加强水生态文明建设，统筹解决好水短缺、水灾害、水生态、水环境问题，迫切需要进一步提升水利人才队伍的支撑和保障能力。

水利改革新进程对人才工作提出新要求。水利部党组全面落实中央关于水利改革发展的决策部署，作出深化水利改革决定，明确加快水行政管理职能转变、推进水资源管理体制改革、建立健全水权制度和水价机制、建立严格的河湖管理与保护制度、完善水利建设市场诚信体系等任务。为推进水利改革发展，增强水利保障能力，提升水利社会管理水平，加快水生态文明建设，迫切需要进一步强化水利人才队伍锐意改革意识，提升创新发展和服务管理监督能力。

民生水利新发展对人才工作提出新要求。全面建成小康社会提出立足普惠共享，加强公共服务供给，对民生水利提出了新要求。发展民生水利必须切实提高水利工程建设、管理与服务能力，努力形成保障民生、服务民生、改善民生的水利发展新格局，实现人人共享水利改革发展成果。大幅提升水资源调控能力，全力推进172项节水供水重大水利工程建设，落实精准扶贫新部署，迫切需要加强水利建设管理人才培养，重点要加大水利基层单位、贫困地区和少数民族地区水利人才队伍建设力度，不断提升水利人才队伍综合素质和专业能力。

三、明确目标，努力推动水利人才队伍建设实现新发展

水利人才工作要深入贯彻党的十八大和十八届三中、四中、五中、六中全会精神以及习近平总书记系列重要讲话精神，紧紧围绕“四个全面”战略布局，牢固树立新发展理念，按照党管人才原则，把服务水利发展作为人才工作的根本出发点和落脚点，深入实施人才优先发展战略，以体制机制改革创新为动力，以高层次创新型人才、急需紧缺人才、基层人才、贫困地区人才为重点，大力实施创新领军人才推进等6项人才重点工程，着力提升人才队伍素质和能力，协调推进各类人才队伍建设，按照政治坚定、敢于担当、能力过硬、作风优良、纪律严明、清正廉洁的要求，培养和造就一支具有“献身、负责、求实”的水利行业精神，数量充足、布局合理、素质优良、结构优化、富有活力、勇于创新的水利人才队伍，为水利改革发展提供强有力的人才保障和智力支持。

一是人才数量充足，区域分布合理。水利人才队伍持续发展，人才规模、区域分布满足水利改革发展新任务的需要，着力提升基层水利单位、贫困地区水利人才的素质和能力。到“十三五”末，基层水利人才队伍中具有中专及以上学历人员的比例从65%提高到70%，具有中级及以上专业技术资格人员比例从37%提高到

40%，县市水利局领导班子中具有大学本科以上学历的人员比例从54%提高到60%；贫困地区县级及以下部门（单位）水利人才队伍中具有中专及以上学历、中级及以上技术资格和中级工资格以上人才的比例分别达到70%、40%、70%。

二是人才素质明显提高，结构进一步优化。水利人才政治素质、能力素质、文化素质、心理素质得到全面提升，学历结构、能级结构、专业结构进一步优化。到“十三五”末，水利系统中专及以上学历的人员比例由69%提高到75%，党政人才队伍具有大学本科以上学历的人员比例由58%提高到70%；专业技术人才队伍中具有高级专业技术资格的人员比例由13%提高到15%，工人中具有技师和高级技师资格的人员比例保持在10%；水资源管理、工程建设管理、水生态文明、水权水市场、水利信息化等急需紧缺人才和复合型管理人才得到有效补充。

三是人才效能发挥明显，创新能力进一步增强。优化人才资源配置，构筑充满活力、富有效率、更加开放的人才发展环境，充分调动人才的积极性、主动性和创造性，做到人岗相适、人尽其才，使人才能够充分体现价值、发挥效能；围绕水利改革发展重难点问题，树立创新理念，构筑创新体系，实施创新驱动，培养创新思维，倡导创新方法，不断提升水利人才创新能力。

四是人才开发体系不断完善，培养能力进一步提升。健全和完善人才培养、评价、使用、激励、引进机制，构建适应新时期水利发展的人才开发体系，人才培养能力建设进一步加强。到“十三五”末，建成20个创新团队、30个专业技术人员继续教育基地和30个高技能人才培养基地，进一步完善水利人事人才信息化业务平台，发展“互联网+”人才教育培训新模式。

落实生态文明理念
科学编制水利“十三五”规划

沈凤生

加快推进生态文明建设，是党中央、国务院做出的重大战略部署，是破解资源环境约束、推进经济社会可持续发展的根本举措。水资源是生态控制性要素之一，水生态文明建设是生态文明建设的重要内容之一。“十三五”是全面建成小康社会的决胜阶段，水利行业必须要坚决贯彻生态文明理念，把人水和谐的要求落实于《水利改革发展“十三五”规划》（以下简称《规划》）编制过程中，以规划为引领，推动水利行业不断朝着生态文明建设的目标前进，为全面建成小康社会和美丽中国做出应有的贡献。

一、准确把握生态文明对水利规划编制的新要求

文明随着人类社会的产生而产生，随着人类社会的发展而进步。伴随文明的不断演进，人类对自然的开发和利用程度不断加深，带来了日益严峻的生态环境问题。在全球可持续发展的大背景下，中国率先提出了“生态文明”理念。党的十八大以来，习近平总书记多

次对生态文明建设作出重要指示，强调生态文明建设是“五位一体”总体布局和“四个全面”战略布局的重要内容，树立“绿水青山就是金山银山”的强烈意识，努力走向社会主义生态文明新时代。

水是生命之源、生产之要、生态之基，水在生态文明建设中发挥着至关重要的作用。作为合理开发利用和保护水资源而制定的总体安排，水利规划必须要准确把握生态文明建设的内涵，按照尊重自然、顺应自然、保护自然的要求，把生态文明理念融入到水资源开发、利用、治理、配置、节约、保护各方面，加快转变用水方式，着力缓解水资源水环境约束趋紧的矛盾，大力推进水生态文明建设，实现生态环境质量总体改善，为推进水治理体系和治理能力现代化，建设美丽中国提供强有力的水利规划支撑和保障。

二、科学认识“十三五”规划编制面临的新形势

新中国成立以来，尤其是改革开放以来，在党中央、国务院的正确领导下，我国水利建设取得了巨大成就，但与经济社会发展、人民生活水平提高、生态环境改善的需求相比，目前水安全保障能力还存在不少差距。在水资源时空分布不均、水旱灾害频发等老问题仍未根本解决的同时，水资源短缺、水生态损害、水环境污染等新问题更加凸显，新老水问题相互交织，给水利改革发展带来了巨大挑战。

“十三五”时期是我国全面建成小康社会的决胜阶

段。面对日益严峻的水生态环境问题，在生态文明建设的要求下，“十三五”水利改革发展必须着眼于转变发展理念，从统筹推进“五位一体”总体布局上审视水利工作，从国家总体安全观上认识水安全保障，全面贯彻新时期水利工作方针，加快从传统水利向现代水利转变。必须着眼于水资源利用更加高效，切实把节水贯穿于经济社会发展和生产生活全过程，以水定产、以水定城，从根本上破除水资源短缺瓶颈。必须着眼于水生态功能全面提升，加强水功能区监督管理，从严核定水域纳污能力，加快建立以水域纳污能力倒逼陆域污染减排的综合治污和保护模式，大力实施水生态保护和修复，切实提升河流、湖泊、湿地等自然生态系统稳定性和生态服务功能，筑牢水生态安全屏障。必须着眼于水资源安全风险防控，充分发挥水资源管理红线的刚性约束作用，以用水方式转变倒逼产业结构调整和区域经济布局优化，积极推动循环经济、绿色经济和低碳经济发展。必须着眼于强化机制保障，加快构建有利于实现水利创新发展、协调发展、绿色发展、开放发展、共享发展的机制，加快构建有利于提高水资源配置效率、提高水利发展质量和效益的机制。

三、落实生态文明理念推进水利改革发展的新举措

针对我国水资源约束趋紧、水环境污染严重、水生态系统退化等问题，《规划》把认真贯彻落实党的十八大以来提出的一系列生态文明理念作为核心，对下一步

水利改革发展提出了一系列新举措。

一是从源头减少水资源开发利用强度，促进人水和谐。节约优先是生态文明理念的核心之一，《规划》遵循人口经济与资源环境相均衡的生态文明核心理念，坚持以水定产、以水定城，合理控制水资源开发程度，努力维护河湖健康。为落实这一要求，《规划》提出，一要落实用水总量控制，加快制定重要江河流域水量分配方案，细化流域和区域取用水总量控制指标，严格控制流域和区域取用水总量；二要强化规划水资源论证，在国民经济和社会发展规划以及城市总体规划编制、重大项目布局安排中，加强与当地水资源条件和防洪要求相适应，做到从源头降低水资源开发利用强度。

二是全面加强节水型社会建设，推动用水方式转变。当前许多水生态环境问题产生的根源在于用水方式粗放，用水效率低下，从而导致水资源开发利用过度，由此带来一系列问题。为此，《规划》把全面推进节水型社会建设作为“十三五”八个重点任务的第一个，在原则和目标设置上把节水放在突出位置，明确了节水制度、节水行动、节水机制等方面的具体要求和建设任务，以加快实现从粗放用水向节约集约用水的根本转变，形成有利于水资源节约利用的空间格局、产业结构、生产方式和消费模式。

三是加大水资源保护，努力改善水环境质量。水污染是当前突出的水问题之一，是老百姓最关心、最直接、最现实的水问题之一。加强水资源保护，改善水环境质量，是水利落实生态文明建设的重点，是水生态文明建设的重要方面，《规划》主要从三个方面提出加大水资源保护力度的措施，一要严格水功能区监督管理，从严核定水域纳污容量，严格控制入河湖排污总量，对排污量超出水功能区限排总量的地区实施限批，加快建立以水域纳污能力倒逼陆域污染减排的综合治污和保护模式。二要加强水源地保护，全面开展重要饮用水水源地安全保障达标建设，推动科学划定饮用水水源保护区，依法清理水源保护区内违法建筑、排污口和各类养殖户。三要加强入河排污口整治，优化调整沿河湖排污口布局，对问题突出、威胁饮水安全的排污口实施综合整治。

四是加强水生态保护和修复，维护河湖健康生命。美丽中国需要绿水青山，加强水生态修复是生态文明建设的重要内容，是建设美丽中国的重要方面。《规划》按照山水林田湖是一个生命共同体的思想，坚持以流域为单元，协调解决水资源、水环境、水生态等问题，系统修复、综合治理。在具体措施上，按照系统治理的思路，提出以京津冀“六河五湖”等为重点，推进生态修复与治理；在科学规划的前提下，因地制宜实施河湖水系连通工程，改善河湖连通性和水体流动性；对京津冀晋等地下水超采较严重地区开展治理与修复，逐步实现地下水采补平衡；按照预防为主、防治结合的思路加强水土流失防护和治理。

五是打造生态友好型工程，推进水利基础设施绿色化。水利基础设施建设是保障水安全的重要手段。在发挥水利基础设施保障能力的同时，努力提高水利工程的生态友好性，是水利行业落实生态文明建设的重要任务之一，《规划》提出要强化对工程规划、设计、建设、管理全过程监管，最大程度地减免规划实施的不利环境影响。规划设计方面，要按照“确有需要、生态安全、可以持续”的原则加强重大水利工程前期论证，落实各项环境保护措施。尤其对于社会关注的引调水工程，要坚持“三先三后”原则，深入做好前期论证工作。工程建设方面，要充分考虑水生态环境保护和修复的需要，采取生态友好型的工程方案、材料和施工工艺。调度运行方面，要科学制定工程调度方案，合理安排重要断面下泄水量，维持重要河湖、湿地及河口基本生态需水，重点保障枯水期生态基流。

六是完善重点体制机制，用制度推进生态文明建设。制度建设是生态文明建设的重要方面和重要保障，要实现水利自身改革发展，必须走建设管理并重的路子，进一步强化体制机制建设。体制机制建设既强调充分发挥政府作用，强化政府在水治理中的职责，同时注重发挥市场机制的作用，形成政府和市场两只手协同发力的格局。在发挥政府作用方面，加强水资源管理。落实最严格的水资源管理制度，加强最严格水资源管理制度考核工作，把节水作为约束性指标纳入政绩考核，在严重缺水的地区率先推行。强化水资源安全风险监测预警，加强水资源风险防控。加强河湖管理，全面推行河长制，强化地方党委政府在水资源保护、水域岸线管理、水污染防治、水环境治理等方面的责任。在发挥市场作用方面，主要是通过体制机制创新，理顺价格机制，发挥价格杠杆调节供求，发挥市场配置资源的优势。

相信在《规划》的带动引领下，“十三五”水利改革发展将为生态文明建设做出新的贡献，为美丽中国建设描绘一幅绿水青山的壮美图景。

创新水利投融资机制

杨得瑞

“十三五”时期是全面建成小康社会的关键阶段，对水利改革发展提出了新的更高要求。创新水利投融资机制，保持水利投入稳定增长，对保障“十三五”水利改革发展各项任务落实，为全面实现小康社会提供水利支撑和保障具有十分重要的意义。

一、“十二五”水利投融资总体情况

“十二五”时期，在中央加大水利投入一系列政策措施支持下，水利投资规模稳定增长，投资来源不断拓宽，投资结构不断优化，投融资机制不断完善，水利建设投资规模再创新高。全国水利建设完成总投资达到2万亿元，年均投资4000亿元，是“十一五”年均投资的2.9倍。其中，防洪、水资源、水保生态、其他专项投入分别占35%、47%、3%和15%。中央水利建设投资大幅增加，中央安排投资达7484亿元，年均投资1497亿元，是“十一五”年均投资的2.6倍；投资重点向中西部、农村和贫困地区倾斜，用于中西部地区的比重达84%，用于民生水利建设的比重达69%。水利财政贴息贷款、中长期政策性贷款、收益权质押贷款等金融支持机制逐步完善，社会资本投资水利建设的热情不断升温，水利投融资体制机制更加完善。

二、“十三五”创新水利投融资机制的外部环境

我国经济发展进入新常态，创新水利投融资机制，需要适应当前的外部环境。

水利投资依然是基础设施建设投入重点领域。党的十八届五中全会提出，要发挥投资对增长的关键作用，创新公共基础设施投融资体制。在当前环境下，投资对经济发展具有重要作用，特别是在基础设施等领域仍将有较大空间。水利是重要的基础设施，在拉动经济增长方面发挥了重要作用，为弥补水利基础设施的短板，“十三五”期间水利依然是基础设施投入的重点领域。

社会资本将更多参与水利建设投资。十八届五中全会提出，发挥财政资金撬动功能，创新融资方式，带动更多社会资本参与投资。今后一段时期创新投融资机制，将进一步完善制度体系，消除社会资本特别是民间资本的投资障碍，建立公平的市场准入环境，通过财政资金引导、相关政策支持，以多种方式吸引社会投资。目前，水利设施建设利用社会资金的比例仍然较低，机制仍不完善。随着国家一系列鼓励社会资本参与基础设施建设政策的实施，水利将成为吸引社会资本的重要基础设施领域。

金融支持水利投融资的环境进一步优化。十八届五中全会提出，要加快金融体制改革，健全商业性金融、

开发性金融、政策性金融、合作性金融分工合理、相互补充的金融机构体系，积极培育公开透明、健康发展的资本市场，推进债券发行交易制度改革，推进高收益债券及股债相结合的融资方式。目前，水利在贷款政策、投融资渠道、投融资方式等方面仍不完善不健全。未来，随着我国金融体系、资本市场的不断发展和完善，金融支持水利投融资的环境将进一步优化，创新水利投融资机制将具有更大的空间。

三、"十三五"创新水利投融资机制的任务和措施

贯彻落实党的十八大和十八届三中、四中、五中、六中全会精神，牢固树立"创新、协调、绿色、开放、共享"的发展理念，按照"节水优先、空间均衡、系统治理、两手发力"的新时期水利工作方针，紧紧围绕全面建成小康社会宏伟目标和全面深化改革对水利的要求，以政府主导、社会参与为导向，加大公共财政对水利投入力度，鼓励和引导社会资本投资水利建设，完善金融支持水利建设投资政策，健全水利投入稳定增长机制，为确保实现"十三五"水利改革发展的目标提供资金保障。

（一）继续将水利作为公共财政支持的重点

一是进一步加大各级财政对水利的投入力度。"十三五"时期，加大对防洪减灾、民生水利等公益性为主的水利基础设施建设的投入，继续发挥中央预算内投资的主渠道作用。地方各级政府，在保障中央投资水利工

程足额配套的基础上，应增加财政预算内经常性建设投资用于水利的部分。调整预算内基本建设投资结构，提高水利在基本建设投资中的比重。对一些经济欠发达地区，中央财政可通过转移支付等方式，增强水利建设资金投入。

二是落实好土地出让收益计提农田水利建设资金政策。全面落实从土地出让收益中提取10%用于农田水利建设政策，确保足额计提农田水利建设资金。切实加强资金使用管理，从土地出让收益中提取的农田水利建设资金要专项用于农田水利建设，集中资金用于当前农田水利建设薄弱环节。用好中央和省级统筹的土地出让收益计提的农田水利建设资金，避免资金提取与水利建设实际需求脱节。

三是发挥好水利建设基金的重要作用。落实水利建设基金筹集和使用管理政策。水利建设基金由中央水利建设基金和地方水利建设基金组成，专项用于水利建设，在水利建设投资构成中占有重要地位。“十三五”时期，要落实2011年国务院通过的水利建设基金政策，严格征收和使用水利建设基金；同时，要研究完善水利建设基金征收和使用政策，拓宽来源渠道，增加征收规模，优化使用范围，进一步发挥好政府性水利基金收费政策对水利改革发展的支持作用。

（二）鼓励和引导社会资本参与水利工程建设运营

一是鼓励社会资本参与水利工程建设运营。创新水利基础设施投融资体制，除法律、法规、规章特殊规定的情形外，水利工程建设运营一律向社会资本开放，只要是社会资本，包括符合条件的各类国有企业、民营企业、外商投资企业、混合所有制企业，以及其他投资、经营主体愿意投入的水利工程，原则上应优先考虑由社会资本参与工程建设和运营。鼓励探索水利设施直接融资和间接融资模式，带动更多社会资本参与水利建设。

二是创新水利项目融资方式。大力推广政府和社会资本合作模式（PPP），通过 BOT（建设—经营—移交）、TOT（转让经营权）等特许经营方式，吸引社会资本进入水利建设领域。鼓励和引导社会资本通过政府购买服务、股权合作等多种形式参与水利工程建设运营。各级政府应为社会资本投入水利创造良好的政策环境，完善投资补助、贷款贴息、价格机制等支持和优惠政策。在项目贷款、市场准入等方面对具有公益性质的水利经营项目给予一定的税收优惠或补偿等政策，以增强这些水利项目的市场吸引力和自身融资能力。探索水利资产证券化融资方式。

（三）加大金融支持水利工程建设力度

一是通过市场机制多渠道筹集建设资金。充分发挥各类金融机构作用，多元化、多渠道筹措水利建设资金。发挥开发性金融作用，积极和政策性金融机构合作，利用过桥贷款、抵押补充贷款（PSL）、水利扶贫开发贷款等优惠政策，拓宽水利项目融资渠道。进一步规范水利投融资平台，并发挥水利投融资平台对大规模水利建设的融资支持作用，缓解地方筹资压力。

二是拓宽水利政策性贷款的还款来源。积极拓宽水利建设项目的抵（质）押物范围和还款来源，允许以水利、水电等资产及其相关收益权等作为还款来源和合法抵押担保物。探索将堤围防护费、煤炭可持续发展基金等其他财政性资金作为水利贷款还款来源。将地方政府新增财政收入的一定比例作为还贷资金来源。财政设立偿债专项资金，将水利投融资平台公司授权经营范围内的国有资产的转让、租赁、经营收入等注入偿债专项资金专户，作为水利贷款还款来源。鼓励和支持符合条件的水利企业上市和发行债券，扩大直接融资规模。

长江流域（片）“十三五”水利发展特点和亮点

马建华

长江流域（片）“十三五”水利发展规划在全面总结“十二五”水利发展主要成就的基础上，系统地分析了长江流域“十三五”水利发展面临的形势。根据“中共中央关于制定国民经济和社会发展第十三个五年规划的建议”的总体要求和部署，提出了长江流域“十三五”水利发展的指导思想、基本原则、发展目标和发展理念。围绕“四大体系”建设明确了长江流域“十三五”水利发展的主要任务。通过实现长江水利持续健康发展，可为流域乃至全国经济社会又好又快发展提供全面的水利支撑与保障。

一、“十三五”水利发展战略定位和新要求

“十三五”时期是我国全面建成小康社会、实现第一个百年奋斗目标的决胜阶段。水安全保障事关国家长治久安，是“十三五”时期协调推进“四个全面”战略布局的重要任务。党的十八届五中全会通过的《中共中央关于制定国民经济和社会发展第十三个五年规划的建议》，把水利列入基础设施网络之首，作出了一系列战

略部署；国家推动长江经济带发展战略，强调走生态优先、绿色发展之路，明确了新的战略定位。

“十三五”长江流域（片）水利发展的新要求是：要坚持“创新、协调、绿色、开放、共享”的五大发展理念、贯彻“节水优先、空间均衡、系统治理、两手发力”的新时期水利工作方针，不搞大开发，要走生态优先、绿色发展之路，把保护及修复长江生态环境摆在压倒性位置，助推长江经济带建设，着力构建流域水安全保障体系。

二、“十三五”水利发展的指导思想和原则

长江流域（片）“十三五”水利发展的指导思想为：深入贯彻落实党的十八大等会议和习近平总书记系列重要讲话精神，紧紧围绕统筹推进“五位一体”总体布局和协调推进“四个全面”战略布局，坚持“创新、协调、绿色、开放、共享”的发展理念，按照“节水优先、空间均衡、系统治理、两手发力”的新时期水利工作方针，走生态优先、绿色发展之路，把保护和修复长江生态环境摆在压倒性位置。以水安全为中心，正确处理治理开发与保护的关系，统筹推进水资源与水生态环境保护、防洪减灾、水资源综合利用、流域综合管理四大体系建设，为推动长江经济带发展，如期全面建成小康社会提供全面的水利支撑与保障，为实现中华民族伟大复兴的中国梦奠定更加坚实的水利基础。

长江流域（片）“十三五”水利发展的基本原则为：保护优先—绿色发展、强化防洪—保障安全、节水优先

—高效利用、空间均衡—协调发展、统筹兼顾—系统治理，以及改革创新—两手发力。

三、“十三五”水利发展总体目标

长江流域（片）“十三五”水利发展的总体目标是要继续完善水资源与水生态环境保护、防洪减灾、水资源综合利用、流域综合管理四大体系，通过加强工程措施和非工程措施建设，在加强水资源与水生态环境保护的基础上，进一步提高防洪减灾能力，合理开发利用水资源；全面强化流域综合管理，为全面建成小康社会提供水利支撑与保障。

至2020年，长江流域（片）水资源与水生态环境保护得到加强，重要水功能区入河污染物得到有效控制，长江流域、西南诸河水功能区水质达标率分别达到87%和92%以上，新增水土流失治理面积8.7万平方公里；防洪体系进一步完善，洪涝灾害年均直接经济损失占同期GDP的比重控制在0.8%以内；最严格水资源管理制度基本建立，用水总量控制在2010亿立方米以内，新增供水能力240亿立方米，新增灌溉面积1390万亩。

四、“十三五”水利发展的主要任务

根据规划目标、发展思路，围绕四大体系建设，确定长江流域（片）“十三五”水利发展的主要任务。

（一）完善水资源与水生态环境保护体系

一是进一步加强水功能区纳污红线管理。强化水功能区监督管理和入河污染物总量控制，实施水功能区水质安全保障工程，严格污染物入河总量控制，加快推进点源和面源污染治理，长江流域、西南诸河重要江河湖泊的水功能区主要控制指标达标率分别达到87%和92%以上。加强干流主要城市河段和主要支流综合治理，加大巢湖等湖泊富营养化治理，加强丹江口库区、三峡库区、长江口等重点区域水资源保护。

二是进一步加强重要饮用水水源地保护。全面开展以“水量保证、水质合格、监控完备、制度健全”为目标的饮用水水源地安全保障达标建设，全面推动1072个饮用水水源地保护区的划分工作，开展饮用水水源地保护区内污染源综合整治，实施水源保护区生态保护与修复工程。

三是进一步加强水生态保护与修复。实施江河源头水源保护与涵养，重点推进雅砻江、岷江、嘉陵江、汉江等主要支流的上游区域，洞庭湖水系的湘资沅澧四水，以及鄱阳湖水系的赣抚信饶修五河的源头及上游区域的水源涵养工作。开展三峡、丹江口水库及其主要支流以及滇池、洱海、泸沽湖、程海、草海及其入湖河道等重要水域水生态综合治理。

四是进一步推进水土流失防治和水利血防工作。加快重点防治区水土流失治理，实施坡耕地治理，加快石漠化治理，加强崩岗治理，新增水土流失治理面积8.7万平方公里。实施水土流失预防保护工程，强化生产建设活动和项目水土保持监督管理，预防人为水土流失。结合河流综合治理、饮水安全、灌区改造、小流域治理，实施防螺灭螺、治理易感地带和血吸虫病防治区饮水安全工程建设。

（二）基本建成防洪减灾体系

一是加快推进防洪工程体系建设。加快长江中下游干流城陵矶附近100亿立方米等蓄滞洪区和蓄滞洪安全设施建设，加强蓄滞洪区布局调整和补偿机制研究。加快流域防洪水库建设，结合兴利继续建设乌东德、白鹤滩等防洪控制性水库。加强长江重要支流和两湖（洞庭湖、鄱阳湖）堤防建设。

二是加快推进流域综合治理。抓紧实施《三峡后续工作总体规划》拟定的长江中下游河势及岸坡影响处理工程，加强长江干流和主要支流重点河段系统治理，积极推进洞庭湖四口水系综合整治，加强洞庭湖、鄱阳湖等湖泊的综合治理。加强中小河流治理及山洪灾害防治。

三是加快推进抗旱排涝工程建设。尽快完善县级以上城市及产业园区的排涝体系，加快洞庭湖区等重点涝区排涝、蓄涝工程建设。加快抗旱减灾工程建设，拓展和挖掘已建水利工程的抗旱能力与功能，建设抗旱应急备用水源工程。

四是加快防洪排涝抗旱非工程措施建设。完善监测站网，提高监测预警预报水平；加强防汛抗旱指挥系统建设，提升防汛抗旱指挥决策支持保障能力；加强山洪灾害监测预警系统和群测群防体系建设，努力提高山洪灾害防御能力；开展控制性水利水电工程联合调度，有效发挥工程体系的综合效益。

（三）不断完善水资源综合利用体系

一是继续推进节水型社会建设。大力推进农业节水，加快推进工业节水技术改造，切实做好服务业和城镇生活节水。逐步提高雨洪资源利用、再生水利用和非常规水利用水平。

二是继续加强重点水源工程建设。加快推进夹岩、涔天河水库扩建等大中型骨干水源工程建设，全面完成西南地区重点水源工程近期建设规划所确定的水源工程建设。推动尽快完成引汉济渭、鄂北水资源配置等引调水工程建设，尽早开工建设滇中引水、引江济淮等引调水工程，加强南水北调中、东线后续工程等引调水工程前期工作，适时进一步深化南水北调西线工程前期论证。

三是继续加强灌区等工程建设。加强都江堰等已建灌区续建配套与节水改造，加快向家坝等新建灌区建设，继续建设小型农田（田间）灌溉工程，长江流域和西南诸河农田灌溉水利用系数分别提高到 0.53 和 0.45。继续推进城乡饮水工程建设，实施农村饮水安全巩固提升工程，加强城市备用水源和多水源供给系统建设。重点扶持中西部地区、贫困地区、革命老区、偏远地区和民族地区的农村水电发展，引导农村水能资源科学、合理、有序开发。

四是继续推进水资源综合利用非工程措施建设。进一步落实最严格水资源管理制度，严格用水总量控制，长江流域和西南诸河用水总量分别控制在 1920 亿立方米和 90 亿立方米以内，万元工业增加值用水量分别降低到 50 立方米和 70 立方米。抓紧完成流域重点河流水量分配、各省市用水总量控制指标分解，强化用水定额评估与指导，完善用水计划管理。推进规划水资源论证和水资源监控系统建设。

（四）初步建成流域综合管理体系

一是不断完善水利管理体制机制。逐步构建有关行业、区域广泛参与的流域（片）重大问题协商机制，完善流域管理与行政区域管理相结合的管理体制。深化水行政审批制度改革，深化水利投融资机制改革，深化水利管理机制改革。

二是大力推进水利法制建设。研究制订“长江流域控制性水利水电工程联合调度管理办法”“汉江流域水量调度管理办法”等，加强“长江保护法”立法工作。完善执法监督制度，推进综合执法，探索联合执法，提升执法能力。

三是全面提升水利管理和服务能力。完善水利综合监测站网布局，全面提升站网整体功能。推进水利信息化建设，加快信息资源整合与共享，完善综合信息平台，强化决策支持系统。提高科技支撑能力，加强治江重大问题研究，建立科研设备和成果共享机制。

四是全面加强党的建设和队伍建设。协调推进党的思想、组织、作风、反腐倡廉和制度建设，以坚强的党性和优良的作风推动治江事业健康可持续发展。通过积极引进培养，着力建设一支团结奉献、科学创新、敢于担当、德才兼备、适应能力强的人才队伍，为治江事业科学发展提供有力的人才保障。

维护黄河健康生命 促进流域人水和谐

赵 勇

“十三五”时期是全面建成小康社会的决胜阶段，是加快推进“四个全面”战略布局的关键五年，是实现治黄体系和治理能力现代化的重要机遇期。黄河流域（片）水利改革发展要按照中央关于保障水安全和加快水利改革发展的总体部署，联系黄河河情和流域经济社会发展新常态，抓住机遇，加快水利基础设施建设，落实最严格水资源管理制度，大力推进水生态文明建设，全面深化治黄改革，为实现全面建成小康社会宏伟目标、促进流域经济社会持续协调发展提供坚实的水利保障。

一、黄河河情及面临的形势

黄河是中华民族的母亲河，流域内土地、矿产资源丰富，在我国经济社会发展战略格局中具有十分重要的地位。黄河干流河长5464公里，流域面积79.5万平方公里，流域总人口约1.1亿。黄河多年平均径流量535亿立方米，以全国2％的河川径流量承担着全国15％的耕地面积和12％人口的供水任务。黄河多年平均输沙量16亿吨，且水沙异源，中游河口镇至龙门区间产沙量占全流域的90%、产水量仅占28%，“水少、沙多，水沙关系不协调”是黄河复杂难治和诸多问题产生的根源。黄河流经的黄土高原水土流失面积达45.17万平方公里，其中侵蚀模数大于每平方公里15000吨的剧烈侵蚀面积有3.67万平方公里，占全国同类面积的89%；该地区生态环境脆弱，治理难度很大。

黄河“水少、沙多，水沙关系不协调”的基本特性，决定了治黄的长期性、艰巨性、复杂性。随着国家对黄河流域一系列战略部署的实施，流域经济持续保持中高速增长，新型工业化、城镇化、信息化、农业现代化加快发展。与之形成鲜明对比的是，流域水安全保障能力、生态文明建设等方面存在着明显的“短板”。

一是水沙调控体系不完善。干流骨干工程中古贤、碛口、黑山峡等尚未建设，目前仍缺乏有效的调控手段解决宁蒙河段水沙关系恶化、主槽淤积萎缩的局面，以小浪底水库为主的调水调沙后续动力不足，不能充分发挥水资源的输沙能力。二是防洪形势仍存在薄弱环节。黄河下游标准化堤防尚未完全建成，河势游荡，下游“二级悬河”态势严峻，下游滩区安全建设滞后，防洪保安矛盾突出，上中游干流河道治理、主要支流及重点城市防洪工程仍不完善。三是水资源供需矛盾日趋尖锐。现状黄河水资源利用率已超过70%，严重超过了其承载能力。与此同时，流域社会经济发展对水资源的需求越来越大，且近几十年天然来水量呈递减趋势，预计到2020年总缺水量将达106.5亿立方米，水资源短缺已成为流域及相关地方经济社会可持续发展的制约因素。四是水生态文明建设任务繁重。黄河流域仍有水土流失面积25万平方公里，特别是黄土高原地区的治理任务很重，人为水土流失防治任务极为艰巨；现状黄河流域重要水功能区水质达标率仅为56%，黄河干流排污总量仍处高位，支流污染依然严重，未来水污染防治形势严峻。五是流域综合管理能力亟待加强。治黄法规体系不健全，信息化公共基础设施建设滞后，水沙、水质、水土流失等监测体系不完善。

“十三五”是全面建成小康社会的决胜阶段，我国经济发展进入新常态。《中共中央关于制定国民经济发展第十三个五年规划的建议》描绘了未来五年国家发展的宏伟蓝图，《国民经济和社会发展第十三个五年规划纲要》，阐明了国家战略意图，明确了经济社会发展宏伟目标、主要任务和重大举措。“十三五”时期，水利仍处于补短板、破瓶颈、增后劲、上水平的发展阶段，是加快完善水利基础设施网络、全面深化水利改革、有效破解新老水问题、构建国家水安全保障体系、加快推进水利现代化进程的关键时期。

二、“十三五”水利发展指导思想

“十三五”期间，黄河治理开发保护与管理将全面贯彻党的十八大和十八届三中、四中、五中、六中全会精神，深入贯彻习近平总书记系列重要讲话精神，紧紧围绕统筹推进“五位一体”总体布局和协调推进“四个全面”战略布局，坚持“创新、协调、绿色、开放、共享”发展理念，按照“节水优先、空间均衡、系统治理、两手发力”的新时期水利工作方针，着力夯实治黄工程基础，加快黄河干流防洪工程建设，加快事关流域水安全的重大水利工程建设，在推进民生水利建设的同时，积极开展水生态文明建设；着力提升技术水平，深化黄河自然规律、关键技术等重大问题研究，提高水沙监测预报能力，推进信息化与治黄融合发展，不断增强治黄的科技支撑能力；着力强化制度保障，加强治黄法治体系建设，全面推进依法行政、依法治河，为治黄事业提供有力法治支撑和保障；着力推进管理创新，深化改革，全面落实最严格的水资源管理制度，加强河道和水土保持监督管理，不断提升治黄公共服务能力和综合管理水平，努力构建水沙调控体系、防洪减淤体系、水土流失综合防治体系、水资源合理配置和高效利用体系、水资源和水态保护体系以及流域综合管理体系，实现从供水管理向需水管理转变、从水资源开发利用为主向开发保护并重转变，保障防洪安全、供水安全和生态安全。

三、“十三五”水利发展主要任务

“十三五”期间，黄河流域治理开发保护与管理将统筹协调流域、区域、城乡水利发展，树立山水林田湖是一个生命共同体的思想，统筹自然生态各要素，把治黄放到经济社会发展全局和生态文明建设大局中去谋划；坚持节约资源和保护环境的基本国策，大力推进农业、工业和生活节水，不断提高用水效率和效益；实行最严格的水资源管理制度，坚持把水资源承载能力作为刚性约束，以水定产、以水定城，量水而行、因水制宜，强化需水管理，促进经济社会发展与水资源水环境承载能力相协调；深化改革创新，坚持政府与市场两手发力，着力推进治黄重要领域和关键环节改革攻坚；不断加强制度建设，完善流域管理与区域管理协调发展机制。努力维护黄河健康生命，促进流域人水和谐，让黄河更好地服务流域经济社会发展。

一是构建水沙调控体系。统筹考虑洪水管理、协调全河水沙关系、合理配置和优化调度水资源等要求，以干流的龙羊峡、刘家峡、黑山峡、碛口、古贤、三门峡、小浪底等骨干水利枢纽为主体，辅以支流陆浑、故县、河口村、东庄等控制性水库的配合运用，构成完善的黄河水沙调控体系。“十三五”期间要开工建设古贤水利枢纽、东庄水库工程，完成沁河河口村水库建设，加快碛口水利枢纽前期工作，深化黑山峡河段开发论证，加快黄河水沙调控体系建设。

二是构建防洪减淤体系。采取“拦、调、排、放、挖”等多种措施，综合处理和利用黄河泥沙。“十三五”期间要继续加强下游防洪工程建设和滩区综合治理，全面完成标准化堤防，完善河道整治工程；开展河口治理，稳定入海流路；统筹黄河下游河道治理与滩区发展，全面促进滩区居民迁建和安全建设。进一步完善宁蒙河段、禹门口至潼关河段、潼关至三门峡大坝河段防洪工程建设，开展黄河上游青海、甘肃干流河段治理；加快实施渭河、沁河、伊洛河、金堤河等重要支流及中小河流治理；加强城市防洪工程建设等。通过系统治理，构建完善的防洪减淤体系，保障防洪安全。

三是构建水资源合理配置和高效利用体系。实行最严格的水资源管理制度，全面推行节水措施，基本完成大中型灌区续建配套和节水改造，大力推进高效节水，提高用水效率，节水型社会建设取得明显进展。水资源统筹调配能力进一步增强，城镇供水保证率和应急供水能力进一步提高，农村饮水安全进一步巩固提升，全面保障城乡居民饮水安全，基本保障城镇、重要工业的供水安全。进一步深化南水北调西线工程前期论证，加快建设陕西引汉济渭等跨流域向黄河流域调水工程。通过合理配置和优化调度，协调好生活、生产、生态用水，提高供水保证率和用水效率。

四是构建水土流失综合防治体系。坚持预防为主、防治结合，注重封育保护和自然修复，“十三五”期间，在黄河多沙粗沙区、甘青宁黄土丘陵沟壑区等国家重点治理区，实施以支流为骨架、以小流域为单元的山水田林路综合治理，建设以沟道坝系、坡改梯和林草植被为主体的水土流失综合防治体系，采取有力措施年均完成综合治理面积 1.15 万平方公里；在重点预防保护区，积极开展固沟保塬、封山封沙、育林育草，因地制宜实施生态移民，促进生态环境良性发展；在全流域加强开发建设项目监督管理，有效控制人为水土流失。

五是构建水资源和水生态保护体系。加强水功能区管理，落实区域水污染防治措施，减少和控制污染物排放量与入河量。加大水质监测等基础设施建设，完善监督管理体系，提高水资源保护管理能力。强化黄河水生态保护，加强河源区水源涵养，积极推进示范和试点工程建设，维持河口区生态用水，保护淡水湿地，保护干流河段主要鱼类生境条件，防止沿岸重点湿地萎缩。推进河湖健康评估工作，开展生态流量试点，推进生态文明建设。

六是构建综合管理和科技支撑体系。加大水利重点领域和关键环节改革攻坚力度，着力构建系统完备、科学规范、运行有效的水管理体制机制。落实全面依法治国战略，研究制定规范黄河治理开发与保护的专门法律，加快“黄河法”立法进程。加强水资源统一管理和调度、水行政执法及涉水行业管理，增强流域综合管理和公共服务水平。开展黄河流域大江大河水文监测建设工程，完善水文站网布设，提升水沙监测预报能力；推进流域综合信息服务系统建设，建设“智慧黄河”。针对治黄水沙情势变化及关键技术难题，深化基础研究和科技攻关，强化治黄科技支撑。

按照规划总体思路和措施安排，到2020年，通过加快建设、强化管理、深化改革，进一步完善黄河水沙调控体系，基本建成防洪抗旱减灾体系、水资源合理配置和高效利用体系、水资源保护和河湖健康保障体系，水土流失得到有效治理，水治理和水管理能力进一步提高，水利信息化进程明显加快，治黄体系和治理能力现代化取得重大进展，水安全保障综合能力显著增强。

淮河流域“十三五”治理开发与保护

肖　幼

淮河流域（包括山东半岛）位于我国中东部，面积33万平方公里，地势低平，河流众多，人口密集，交通干线密布，是我国重要的粮食和煤电能源基地，经济社会发展潜力大。由于地处南北气候过渡带，又长期受黄河夺淮影响，水资源空间分布不均，年际、年内变化大，是洪涝旱灾害多发易发地区；随着经济社会快速发展，水污染、水生态破坏等问题日益突出。水问题始终是影响和制约流域经济社会发展的重要问题。“十三五”时期是我国全面建成小康社会的决胜阶段，是全面深化改革的攻坚时期，流域治理开发与保护要着力解决上述突出的水问题，着力构建适应流域经济社会发展的水安全保障体系，为全面建成小康社会提供水利保障。

一、“十二五”流域治理成效显著

重大水利工程加快实施。治淮19项骨干工程全面完成；进一步治理淮河38项工程取得重大进展，已有23项工程开工建设；跨流域调水工程加快推进，南水北调东、中线一期工程建成通水，南水北调东线二期工程正在抓紧开展前期论证，引江济淮工程项目建议书已获得国务院批复。

民生水利成效显著。农村人口饮水安全、病险水库除险加固、大型灌区续建配套与节水改造、大型灌溉排水泵站更新改造、中小河流治理工程等民生水利项目按计划有序实施，为保障民生、服务民生和改善民生发挥了重要作用。

最严格水资源管理制度初步建立。全面建立省市县三级水资源管理“三条红线”控制指标体系。淮河、沂河、沭河水量分配方案具备报批条件，沙颍河、涡河、洪汝河、史灌河水量分配方案已完成技术层面协调。流域内 7 个全国节水型社会建设试点城市全部通过验收。稳步推进淮河流域国家水资源监控能力建设，完成流域 41 处省界断面水量监测设施改造。

水生态文明建设加快推进。在全国率先实现了全国重要江河湖泊水功能区全覆盖考核和监测，水质监测结果已成为流域水污染防治考核和水功能区纳污红线考核的重要依据。14 个全国水生态文明城市建设试点全面实施。2015 年，流域 394 个全国重要江河湖泊水功能区水质达标率为 64.6％，比 2010 年提高 8.9％；“十二五”期间，淮河水质明显好转，干流水质基本保持在Ⅲ类。

依法治水得到加强。制定出台了涉及规范水资源管理、规划管理、建设管理、水土保持监督管理等方面的规范性文件；各省制定出台了各类实施细则或管理办法，加强抗旱、蓄滞洪区运用补偿、农村饮水安全、建设项目占用水域管理和水库、湖泊、农田水利等方面的管理。加强了河道采砂、河湖管理等执法监督工作，加大水事纠纷调处力度和违法案件查办力度。

流域管理能力明显提升。水利规划体系不断完善，流域综合规划、水资源综合规划获得国务院批复。淮河科研基地基本建成，流域水利科技创新能力不断加强；流域管理水利信息化建设取得积极进展，水文水资源监测站网初步建成，防汛调度指挥系统、直管工程监控系统初步建立；流域水行政执法能力进一步加强；流域水利工程管理条件全面改善，防汛抢险能力和现代化管理水平不断提升。

二、"十三五"流域治理面临的形势和问题

"十三五"时期是我国全面建成小康社会的决胜阶段，全面建成小康社会的宏伟目标和"创新、协调、绿色、开放、共享"的发展理念，要求补齐流域水利短板，全面提升流域水安全保障体系；要求大力推进生态文明建设，改善生态环境质量；要求全面深化水利改革，建立健全流域与区域相结合的水资源管理体制机制，强化依法治水。与面临的形势和要求相比，流域治理开发与保护仍存在以下突出问题。

防洪除涝能力仍较为薄弱。淮河上游拦蓄能力不足，上游防洪标准仅10年一遇。淮河中游行洪能力不足，防汛压力大，沿淮两岸因洪致涝问题突出。淮河流域行蓄洪区数量多、建设滞后，适时有效地行蓄洪水的需要与区内居民公平发展的要求之间矛盾突出。淮河下

游出路不足，影响中游洪水下泄和排涝。平原洼地排涝标准低，涝灾损失大，因洪致涝、“关门淹”的问题十分突出。工程安全隐患多，中小河流防洪除涝标准低。

水资源短缺、分布不均、粗放利用、污染严重的问题依然突出。淮河流域人均水资源量不足500立方米，属水资源严重短缺地区，水资源的时空分布不均和变化剧烈，使水资源短缺的形势更加突出。特别是豫东、皖北、鲁西地区，降水偏少，调蓄条件差，缺水状况严重，已成为影响中原经济区发展的重要制约因素。水资源分布与流域人口和耕地分布、生产力布局不协调，加剧了水资源供需矛盾。用水效率和效益不高。水资源配置体系尚不完善。水污染问题依然严重。河湖生态用水难以保障。

农村水利基础设施薄弱，民生水利问题还没有得到根本解决。淮河流域农田灌排工程普遍存在工程不配套、建设标准低、抗御水旱灾害能力不强等问题，年均水灾、旱灾成灾面积占耕地面积的比例分别约为13.3%、7.8%，农业综合生产保障能力不足。一些民生水利问题，如面源污染、农村水环境恶化、城乡河湖沟塘整治不够等依然存在。

流域管理体制未完全理顺，管理能力不足。流域管理体制尚未完全理顺，流域、区域管理结合点模糊，现行水法规对流域机构监督职责的规定较笼统，流域机构难以有效履行法律赋予的职责。流域水利规划体系不完善，规划管理工作急需加强。水域管理规划编制工作比较滞后，日常监管缺乏规划依据；事中事后监管制度和体系不完善，缺乏有效措施和手段。水量分配和水量调度工作相对滞后，水资源保护的手段和措施不完备。水土保持监督管理机制不顺。应急处置工作机制尚不健全，应对突发公共事件的能力不强。管理能力不足的问题还比较突出，支撑流域防洪除涝、水资源管理与保护、水土保持的监测监控站网体系尚不完备，流域水利信息化水平还不高。

三、"十三五"流域治理总体思路和主要任务

"十三五"时期流域治理开发与保护的总体思路和重点任务是：落实最严格的水资源管理制度，全面推进节水型社会建设；加快事关国家水安全的流域重大水利工程建设，提高流域水安全保障能力；以江河湖泊系统治理和生态修复为重点，实施江河湖库水系连通，大力推进水生态文明建设；以推进体制机制创新为动力，建立健全流域管理和区域管理相结合的水资源管理体制机制，深化重点领域和关键环节改革，为实现流域经济社会可持续发展提供更加坚实的水利支撑和保障。

（一）水利建设

淮河上中游。针对区域经济基础差、贫困地区较多、经济发展和粮食增产潜力大，水旱灾害等老问题尚未全面解决，工业化、城镇化进程中进一步加重的水资源水环境等新问题，围绕中原经济区重点城市群、黄淮海平原农产品主产区及淮河生态经济带建设和发展要求，以提高防洪和供水保障能力、加强水生态环境保护修复、保障国家粮食安全为主线，构建水安全保障体

系。以淮河干流行蓄洪区调整和建设、淮河行蓄洪区及滩区居民迁建、出山店水库和前坪水库等工程建设为重点，进一步提高淮河上中游防洪减灾能力，加快连片集中贫困地区人口脱贫步伐。加快引江济淮工程建设，研究实施临淮岗综合利用，完善淮河上中游水资源配置格局。加强水资源保护与水污染防治。加快上游大型水库和生态脆弱地区生态修复，控制水土流失。新建赵口引黄二期、怀洪新河等大中型灌区。开展地下水超采区水资源保护，控制地下水超采。加强农村水利建设，大力推进大别山贫困区水利扶贫攻坚。

淮河下游。针对区域经济基础相对较好和存在的过境洪水多、防潮防洪压力大等问题，围绕长江三角洲地区优化开发区、黄淮海平原农产品主产区及淮河生态经济带建设和发展要求，加快水利基础设施建设，提高水安全保障程度。建设淮河入海水道二期工程，提高淮河下游防洪能力。完善南水北调东线一期配套工程建设、推进南水北调东线后续工程建设，适时安排苏北沿海引江工程，完善水资源配置格局。加强海堤建设。加强重点水域生态综合治理；开展重要饮用水水源地安全保障达标建设。

沂沭泗地区。围绕东陇海地区国家重点开发区、黄淮海平原农产品主产区发展要求，着力解决困扰发展的洪涝灾害及水资源短缺问题，保障经济社会的可持续发展。加固沂沭泗河上游堤防，完善南四湖防洪体系，研究进一步提高沂沭泗河洪水东调南下行洪能力，进一步完善防洪减灾体系；加快推进庄里等大中型水库建设，适度开发利用当地水资源，研究实施沂沭河洪水资源利用工程，优化水资源配置格局；开展沂蒙山区水土流失综合治理，控制水土流失。

山东半岛地区。该区域经济比较发达、人口密集、开发强度较高，围绕山东半岛优化开发区要求，在经济转型升级和结构优化调整中着力解决水资源短缺、水环境恶化、水生态损坏等新问题。加快孟家沟等中型水库建设，适度开发当地水资源，缓解水资源短缺状况。加强水源地保护。沿海地区地下水超采区实行地下水限采，逐步减小海水入侵现象；进一步加大节水力度，加强海水淡化利用，提高再生水利用率。

（二）水利改革与管理

落实最严格水资源管理制度。落实节水优先方针，强化最严格水资源管理制度，实行水资源消耗总量和强度双控行动。加强水资源“三条红线”监督考核，推进跨省江河水量分配，加强用水定额和计划管理，全面推进流域节水型社会建设。全面落实水污染防治行动计划和《全国重要江河湖泊水功能区划》，进一步加强水功能区和入河排污口监督管理，建立健全联合防污控污治污机制，强化饮用水水源地和南水北调东线输水沿线水资源保护，严格地下水开发利用总量和水位双控制，加快推进地下水严重超采区综合治理，抓好生态脆弱河流治理，完成流域重要河湖健康评估，统筹推进城乡水生态文明建设。

深化重点领域水利改革，加强流域综合管理。积极探索构建跨部门合作、流域与区域相结合的流域综合管理体系，建立协调有效的流域管理和区域管理相结合的水资源管理体制与机制。着力转变水行政管理职能，研究制定流域水行政管理权力清单、责任清单，推进水行政审批改革，加强事中事后监管，提高涉水事务管理能力和水平。推进水资源管理体制创新，搞好水权初始分配，稳步开展水资源使用权确权登记。创新水利工程建设管理体制，建立健全水利建设市场主体信用体系。加快完善流域水利规划体系，着力强化水利规划对涉水活动的管理和约束作用。加快推进流域管理配套法规建设，深入开展水利综合执法和联合执法，有效化解水事矛盾纠纷。进一步严格河湖管理，做好直管河湖和水利工程划界确权工作，强化水域岸线用途管制，促进河湖休养生息。

加强海河流域水利
支撑保障作用

任宪韶

按照水利部对“十三五”规划编制工作部署，海委深入贯彻落实党的十八大和十八届三中、四中、五中、六中全会精神，坚持“创新、协调、绿色、开发、共享”发展理念，按照“节水优先、空间均衡、系统治理、两手发力”中央新时期水利工作方针，认真总结流域水利发展现状和面临的重大水问题，坚持问题导向，统筹谋划工程建设布局，合理确定规划战略重点，编制完成了《海河流域水利发展“十三五”规划》。

一、以问题为导向，明确“三区一带”总体布局

本次规划根据流域水资源水环境特点和国土空间功能定位，将流域总体上划分为上游山区、山前平原区、中东部平原区、东部沿海带“三区一带”进行布局，分区施策，提出“十三五”期间水利发展方向与治理重点。

上游山区是流域各河系的源头区和生态屏障，大部分重要饮用水水源地分布其间。目前存在水资源环境严

重超载、水资源短缺等问题。“十三五”期间重点以水土保持和水源涵养为主，适当兼顾区域发展，包括严格产业准入制度，控制用水总量增长，加大水源涵养和保护，确保水源安全；同时，在具备水资源条件的地区适当布局水源工程，提高部分缺水地区城乡供水保障能力。

山前平原区是流域大中型城市分布最多的区域，水源调控条件好，用水集中，目前水资源短缺问题突出，浅层地下水超采严重，防洪压力较大。“十三五”期间重点构建山区水库—南水北调中线干线—骨干输水渠道为一体，覆盖中东部地区的水源调控体系，强化对全流域水资源的统筹调配作用；结合水源置换、优化供水结构，调整种植结构，压采限采地下水，建设山前地下水战略储备工程；同时，提高山前平原和城市防洪能力。

中东部平原区内地势低洼，河湖洼淀广布。目前水源匮乏、河道断流、湖泊湿地萎缩、水质恶化、深层地下水超采问题严重。“十三五”期间重点通过南水北调东中线和引黄增加供水，提高水资源承载能力；开展地下水超采区综合治理；增加河道用水，恢复历史通道，治理水环境，修复白洋淀、衡水湖等重要河湖生态廊道；同时，加强蓄滞洪区和主要支流治理，提高防洪除涝能力。

东部沿海带是流域最重要的外向型经济发展带，开发新区多，港口多，是北方航运物流中心。目前水源匮乏，防洪防潮压力大。“十三五”期间重点做好多水源联合调配，加大海水淡化和直接利用，保障供水安全；加强河流入海尾闾综合治理，加快海堤建设，确保防洪防潮安全；同时，加快实施地下水超采区综合治理，推进南大港、七里海等滨海湿地生态修复。

二、以落实京津冀协同发展水利支撑为重点，实施六大任务

根据京津冀协同发展战略总体部署，海河流域“十三五”期间以落实《京津冀协同发展水利专项规划》为重点，提出流域水利发展六大任务。

一是完善多水源多渠道供水保障体系。按照节水优先的方针，大力推进节水型社会建设，重点促进产业结构调整和优化升级，构建节水型生产方式和消费模式，不断提高水资源利用效率和效益；构建“二纵六横”水网体系，重点加快引黄入冀补淀工程建设，实施廊涿干渠北延等南水北调配套工程建设以及河湖库渠连通工程，推进南水北调东中线后续工程论证；优化当地水资源供水格局，推进供水、防洪等综合效益较强的水库建设工程，加快双峰寺水库等大中型水库建设；提高配置区域水资源承载能力，实施岳城、盘石头等大型水库与南水北调中线总干渠连通工程，推进南水北调东线—白洋淀—中线连通工程，疏通水资源调控动脉；建立水资源战略储备体系和应急调水体系，加大非常规水资源利用，完善城乡供水结构，增强应急保障能力。

二是推进河湖水生态修复。按照京津冀协同发展生态环境保护率先突破的要求，加大河湖水生态修复力

度，初步实现河流水体联通功能，河流水质得到有效改善，生态用水适当提高。推进京津冀"六河五湖"（永定河、滦河、北运河、大清河、潮白河、南运河和白洋淀、衡水湖、七里海、南大港、北大港）综合治理与生态修复，以永定河为突破点，建设永定河绿色生态河流廊道；加强"一区十源"涵养保护，重点推进官厅、密云—怀柔、潘家口—大黑汀、于桥、岗南、黄壁庄、岳城、西大洋、大浪淀、桃林口等10个重要饮用水水源地达标建设，加大张（张家口）承（承德）地区生态建设力度；推进地下水超采区治理与修复，实现南水北调东中线受水区退减地下水超采水量60亿立方米。

三是加快流域防洪薄弱环节建设。继续坚持"上蓄、中疏、下排、适当地滞"的方针，结合城市功能和产业布局的调整，进一步巩固以河道堤防为基础、大型水库为骨干、蓄滞洪区为依托的防洪工程体系。本次规划重点安排7个河系共15条干支流治理，基本消除骨干河道及主要支流的防洪隐患；继续推进蓄滞洪区"10＋8＋1"项目的实施，使346万人的安全避险问题基本解决、生产生活条件得到改善；做好8大骨干河道入海河口的综合整治，加强河口区域管理；加强城市防洪建设，推进构建海绵城市建设，完善城市排涝体系。

四是加强农村水利建设。海河流域面积占全国总面积的3.3％，人口占全国总人口10.4％，而农村人口占流域总人口52.4％，粮食产量占全国总产量10.6％，本次规划继承服务民生的水利要求，加强农村水利建设，保障农村供水安全，改善农村环境。重点做好农村饮水提质增效建设，解决人口 1180 万人，推进大中型灌排工程体系建设，加强小型农田水利工程建设，发展规模化节水灌溉，推进农村河塘综合整治。

五是提升水利行业能力建设。重点完善水文水利信息化、委属单位基础设施建设；加强水利规划和基础研究工作，统筹谋划流域水利发展布局；完善流域水利法规体系，增强依法行政能力；注重科技创新与人才培养；加强涉水事务管理工作，继续推进水行政许可精简整合，简化审批程序，增强水行政许可效力。

六是推动重点领域的水利改革。按照水利部关于深化水利改革的指导意见，考虑京津冀协同发展重大战略地位，本次规划重点考虑完善流域管理与行政区域管理相结合的水资源管理体制，建立相关部委及省市参加的水资源管理协调机制，健全水生态保护补偿机制，建立地下水保护与管理体制，落实最严格的水资源管理制度，实施规划水资源论证，建立健全水权制度和水价形成机制等。

三、以五大发展理念为指引，突出系统治理和生态文明建设

一是立足山水林田湖生命共同体，强化系统治理。本次规划突破了长期以来江河治理项目往往以单一目标为主，堤防建设、河道整治、水库建设、生态保护与修复等各类项目多为分散实施，缺乏对河流防洪、供水、生态、航运等综合功能统筹考虑和综合整治的思路，从规划原则上立足山水林田湖是一个生命共同体，突出了

系统治理的思想。在规划任务方面，以永定河、滦河流域为突破，以水为载体，防洪、供水、生态、文化综合考虑，搭建江河湖库综合整治平台。在建设内容方面，对生态涵养、湿地保护、防风固沙、岸地景观、防洪减灾和协同管理统筹安排。在建设机制方面，注重了省市联动，部门行业协作，共同推进。

二是坚持绿色发展，突出生态文明建设。本次规划把推进流域的生态文明建设作为一项重要任务，重点突出“绿水青山就是金山银山”，建设生态文明、推进绿色发展的理念。在规划安排上，以永定河综合治理与生态修复为突破点，示范引领“六河五湖”生态修复的整体推进，打造生态绿色廊道。以重要水源地保护为着力点，恢复张承地区生态涵养区功能，改善潘家口—大黑汀、官厅、密云—怀柔、于桥等十个重要水源地水质；以生态用水回补和置换为切入点，推进地下水超采区治理与修复；以生态水量红线为控制点，划定河湖管控空间，提升流域水生态环境管控能力，扭转流域“有河皆干，有水皆污”的局面，恢复河流水生态环境功能。从规划投资比重来看，“十三五”期间，生态修复类工程投资占规划总投资的45%，较“十二五”期间的3.36%有大幅度提升。

开拓创新　奋力谱写珠江水利事业新篇章

束庆鹏

珠江（片）包括珠江流域、韩江流域、澜沧江以东国际河流（不含澜沧江）、粤桂沿海诸河和海南省，总面积65.43万平方公里，涉及云南、贵州、广西、广东、湖南、江西、福建、海南8个省（自治区）和香港、澳门特区。珠江委在分析珠江特点和总结多年治江实践的基础上，提出了“维护河流健康，建设绿色珠江”的治江总体目标，并努力付诸实践。党的十八大以来，珠江委认真贯彻落实中央的生态文明理念和治水方略，按照水利部的总体部署，进一步完善流域水利发展思路，走出一条有珠江特色的流域水利发展之路。

一、“十二五”珠江水利发展成效显著

珠江是自然条件相对优越的一条大河，水质总体良好，水资源丰沛，具有较强的水体自然净化能力和生态环境自我修复能力。珠江开发程度低，河流形态多样，具有极为丰富的生境多样化条件。

“十二五”期间，珠江委围绕“维护河流健康、建设绿色珠江”总体目标，不断深化治水思路，有序开展

水利建设，水利改革发展成效显著。流域治水理念进一步丰富，提出《绿色珠江建设战略规划》，从绿色理念与可持续发展的战略高度提出流域治理、保护、开发的总体布局。流域防洪减灾体系逐步完善，乐昌峡、老口、大藤峡等防洪控制枢纽相继开工建设，完成了645条中小河流近6100公里河道治理任务，建成山洪灾害监测站16951个。重大水利工程建设取得突破性进展，大藤峡工程全面开工建设，172项节水供水重大水利工程中珠江流域有24项，总投资约5600亿元。农村水利发展成效显著，解决了规划内3865万人农村饮水安全，实施了桂中治旱乐滩水库引水灌区一期等大中型灌区的续建配套与节水改造，新增农田有效灌溉面积677万亩。最严格水资源管理和水生态文明建设稳步推进，珠江片万元GDP用水量、万元工业增加值用水量分别由2010年的142立方米和81立方米，降到2015年的80立方米和45立方米。治理水土流失面积1.46万平方公里，流域水生态环境明显改善。流域依法治水管水能力再上新台阶，《珠江流域综合规划》等一批规划通过国务院的批复，流域管理能力和公共服务水平不断提升。

二、准确把握“十三五”面临的形势

“十三五”是全面建成小康社会的决胜阶段，也是转变治水思路、建设水生态文明的重要时期，珠江水利改革发展进入了一个十分关键的时期，既要满足人口增加、人民生活改善、经济增长等对水资源的巨大需求，又要保护水资源、水生态环境，应对水资源短缺、水污染、气候变化等诸多问题，珠江水利改革发展将面临严峻挑战。

水资源供需矛盾日益突出，将成为四化同步发展重要制约因素。根据最严格水资源管理要求，珠江2015—2030年用水总量增长空间仅为全国水平的一半，用水总量瓶颈问题凸显，调整用水结构迫在眉睫；水量和水质供应要求不断提高，城乡供水保障能力明显不足；流域径流调节能力仅14.8%，难以应对频发的极端气候。

水生态环境形势严峻，流域水生态文明建设面临挑战。随着城镇化、工业化和农业现代化进程加快，产业转移导致流域上中游水污染风险加剧，减排任务重；局部地区水生态环境脆弱，水土流失与石漠化面积超过流域片总面积的20%，湖泊湿地面积萎缩，主要河流生物多样性下降明显，河口湿地大幅减少，生态保护与修复任务艰巨。

防洪体系尚不完善，流域防洪仍是心腹大患。大藤峡、洋溪等防洪控制性枢纽尚未建成，流域重要干支流河段堤防大部分尚未达标；沿海地区居民与财富继续聚集，洪水风险不断加大，沿海地区的防洪潮及排涝形势严峻；流域95%的山丘区小城镇主要依河傍山建设，山洪、泥石流、滑坡等威胁较大。

流域和区域水利管理改革任重道远。流域水资源统一管理法规和制度尚未确立，协商机制尚不完善，流域管理与区域管理相结合的水资源统一管理体制尚未完全理顺。最严格水资源管理、生态文明建设以及简政放权的行政体制改革对流域管理提出了更高要求，软硬件建设滞后的局面亟待改善。

三、全力推进珠江水利事业新发展

珠江是水量、水质与水生态环境相对优越的河流，对此陈雷部长提出了“着力打造流域水生态文明建设典范”的要求。“十三五”时期，将紧紧围绕“四个全面”战略布局，坚持新发展理念，按照新时期水利工作方针，以广大人民群众共享水利发展成果为中心，以最严格水资源管理制度为抓手，加快完善水利基础设施网络，全面建设节水型社会，进一步夯实城乡水利基础，大力推进水生态文明建设，全面推进河长制，促进流域区域协调发展，提高流域综合管理能力，在防洪、供水、生态和管理四个流域重大问题上取得突破，绿色珠江建设初见成效，着力打造流域水生态文明建设典范。

第一，牢固树立新发展理念，以发展理念转变引领发展方式转变。创新发展，充分发挥地处改革开放前沿、创新驱动高地的区位优势，推动治水思路、流域管理机制、内部管理制度、科技应用创新。协调发展，充分考虑流域经济和水利发展不平衡、水资源与经济发展要素不匹配、洪涝干旱台风灾害频发等特点，统筹流域、区域、城乡水利协调发展，更加注重提高水利管理水平和行业能力，不断增强水利发展的整体性和协调性。绿色发展，落实节水优先方针和最严格水资源管理制度，以推进河长制促进河长治，在水利工作的各个环节，高度重视对生态环境的保护，形成人水和谐发展的水利现代化建设新格局。开放发展，充分把握“一带一路”、中国与东盟自贸区建设、粤港澳合作平台、海峡西岸经济区建设等重大机遇，推动跨界（境）水合作，深化泛珠三角区域水利合作，形成水利对外合作交流新格局。共享发展，让水利发展成果惠及全流域，推进滇桂黔石漠化片区、滇西边境山区等连片特困地区扶贫攻坚、中央苏区振兴发展，加大流域内其他革命老区、民族地区、边疆地区、贫困地区的水利扶贫力度，推动水利基本公共服务均等化，为全流域共同迈入全面小康社会做出积极贡献。

第二，以“四绿”建设为支撑，打造水生态文明建设的流域典范。坚持保护优先、自然恢复为主的原则，强化“绿源、绿廊、绿网、绿景”绿色珠江四大格局建设，努力走出一条珠江特色的流域水生态文明建设之路。加快西江源、北江源、东江源等干流水源涵养工程，以小流域为单元推进土地石漠化、水土流失综合治理，加强高原湖泊区等生态敏感、脆弱区的保护修复，构建绿色生态源区。加快大藤峡、洋溪等洪水防控骨干工程以及珠江三角洲重点联围和主要城市堤防建设，着力保障防洪安全；对水体污染比较严重河段实施重点排污口整治及水污染治理，遏制局部水生态恶化；加强流域骨干水库水资源调度，维持河道生态需水，构筑水资源统一配置和生态调度的健康通道。加强三角洲网河区及八大口门综合整治，推进河口的合理开发与科学保护，加强水环境治理与生态修复，改善河网区水环境，打造活力三角洲水网。营造和谐优美水景观，着力建设生态友好型水利工程，打造流域特色水利风景和城乡水景观。

第三，以水资源高效利用为重点，支撑小康社会建设。全面建设节水型社会，加强重点领域节水工作，大力推进农业、工业与生活节水，推进建立流域用水定额体系，大力开展节水宣传教育，建立流域重要控制断面及主要用水户、用水行业监测监控体系。优化流域水资源配置格局，上中游地区加强蓄水工程与引调水工程建设，强化水源互联互通，推进西南及北部湾等地区重点水源工程建设；中下游加强流域水资源统一调度，提高水资源综合利用效益；推进三角洲区域供水网络一体化进程，形成江库联网的供水系统，提升蓄淡抗咸能力，切实保障沿江经济带、珠江三角洲及港、澳等地区的供水安全及生态用水安全。加快构建流域供水安全水网，以水资源集约节约高效利用为四化同步发展和全面建成小康社会提供可持续的水利基础支撑。

第四，以最严格水资源管理制度为抓手，实现人水和谐。严守水资源、水生态、水环境承载能力底线，以行政手段促进绿色珠江建设。开展最严格水资源管理制度考核，紧抓“跨区域”“省界”和敏感及重大用户等重点关键部位，建立“三条红线”控制指标体系和监控评价体系，着力加强“三条红线”监督考核。完善水功能区分级分类管理制度，加强入河排污口监管，严格执行取水许可、水资源论证、入河排污口等水行政许可审批和取水验收。开展流域水资源水环境承载能力评价、河湖健康评估，落实河湖生态空间用途管制，建立水资源水环境承载能力监测预警机制。

第五，以深化水利改革为契机，强化流域管理。充分发挥“泛珠三角”平台作用，探索建立流域水利、环保、国土、交通等各方参与、民主协商、共同决策、分工负责的流域议事决策和高效执行机制。立足流域法制工作现状和当前促进依法行政及绿色珠江治江事业发展的实际需要，完善水法规体系和水利规划体系建设，推进水利综合执法。在生态调度、河流生态系统保护与修复、高原湖泊生态修复、河口综合治理等重点领域，以应用为导向，积极开展科学研究，着力打造核心技术。加强水文基础设施建设，扩大流域机构直管站覆盖范围，着力增强重点河流、省界断面、重要控制断面的水资源监控能力和水文测报能力，加快应急机动监测能力建设。加强水利信息化建设，不断提高流域水资源调控及流域管理的信息化水平。

“十三五”时期，珠江委将继续贯彻落实中央新时期水利工作方针，按照珠江水利改革发展的总体思路和水利发展主攻方向，开拓进取，努力建成与全面建成小康社会相适应的流域水安全保障体系，着力打造流域水生态文明建设典范！

开启松辽流域水利改革发展新征程

齐玉亮

松辽流域地处我国东北，是我国重要的工业基地、商品粮基地和林业基地，现已形成以哈尔滨、长春、沈阳、大连为轴线的中部城市群和工业带，以辽河平原、松嫩平原和三江平原为中心的粮食生产基地，在我国国民经济发展中占有举足轻重的地位。“十二五”期间，在党中央、国务院的高度重视和坚强领导下，松辽流域水利投资规模持续增加，重大水利工程建设明显加速，民生水利建设成绩斐然，水生态文明建设不断加强，最严格水资源管理制度落实和流域水利改革取得重要成果，圆满完成“十二五”水利规划目标任务，为“十三五”水利改革发展奠定了良好开局。

党的十八大以来，以习近平同志为核心的党中央，紧紧围绕实现“两个一百年”奋斗目标和中华民族伟大复兴中国梦，举旗定向、谋篇布局、攻坚克难、强基固本，提出了一系列治国理政新理念新思想新战略，开创了党和国家事业发展新局面，明确了“节水优先、空间均衡、系统治理、两手发力”的新时期水利工作方针，形成了治水兴水管水的重要战略思想，为做好水利工作提供了有力思想武器和科学行动指南。

一、流域“十三五”水利发展主要思路

“十三五”时期是全面建成小康社会的决胜阶段，是加快推进“四个全面”战略布局的关键五年，水利作为流域经济社会发展的重要支撑和保障，面临着诸多的新要求和新挑战。我们必须准确把握水利改革发展新形势，牢固树立新发展理念，积极践行新时期水利工作方针，努力适应和引领流域经济社会发展新常态，不断激发流域水利改革发展生机活力，加快构建完备的水安全保障体系，为流域全面建成小康社会和东北老工业基地振兴提供更加有力的水利支撑和保障。

一是深入贯彻党的十八大和十八届三中、四中、五中、六中全会以及习近平总书记系列重要讲话精神，积极践行新时期水利工作方针，着力构建保障民生、服务民生、改善民生、惠及民生的水利发展格局，不断提高水利发展成果的共享水平，牢固树立“绿水青山就是金山银山”的强烈意识，坚持把山水林田湖作为一个生命共同体，协调解决水资源、水环境、水生态、水灾害问题，全面提升流域水安全保障能力，不断开创治水兴水管水新局面。

二是准确把握以供给侧结构性改革为主线的政策框架，抓住流域水利发展的重要机遇，针对薄弱环节，补齐补强水利短板，把加强基础设施薄弱环节、加强生态环境保护列入补短板的重要内容，把重大水利工程和灾后水利薄弱环节建设纳入扩大有效投资的关键领域，加

快完善水利基础设施网络，确保中央兴水惠民决策部署有效落实。

三是牢固树立生态优先绿色发展理念，严守水资源水环境水生态红线，强化河湖整治保护、系统修复和综合治理，统筹推进水生态文明建设，全面实行水资源消耗总量和强度双控，进一步严格流域水资源管理，坚持自然修复与人工修复相结合，持续加强流域水生态环境保护，优化流域水资源配置，有效促进河湖生态功能修复。

四是进一步优化水资源配置格局，聚焦辽宁省沿海经济带、长吉图先导区、哈大齐工业走廊、蒙东能源基地等东北振兴战略实施的重点区域，加快推进重点水源和水资源配置工程建设，构建蓄泄兼筹、丰枯调剂、引排自如、多源互补、生态健康的水系连通网络体系。

五是立足最不利天气情况，紧紧围绕“两个坚持、三个转变”的总体要求，加快转变防汛抗旱减灾工作思路，不断完善流域防汛抗旱综合防灾减灾体系，着力提升防灾减灾防御能力、灾害应对能力和防控灾害风险能力，最大限度减轻水旱灾害和突发事件对经济社会发展的影响。

二、流域“十三五”水利发展主要目标

依据国务院批复的流域综合规划、水资源综合规划和防洪规划，结合水利发展新要求，到2020年，基本建成与经济社会发展要求相适应的流域防洪减灾体系、水资源合理配置和高效利用体系、水资源保护和河湖健

康保障体系、流域综合管理体系。

防洪抗旱减灾。大江大河重点防洪保护区和中小河流重要河段达到流域规划确定的防洪标准，城市防洪排涝设施明显加强；主要海堤达到国家规范设定的标准；加强重点涝区治理，完善灌排体系，重点区域和城乡抗旱能力明显增强。

水资源开发利用。城乡供水保证率显著提高，城乡居民用水得到全面保障，万元国内生产总值和万元工业增加值用水量明显降低。松花江区用水总量控制在549.6亿立方米以内；辽河区用水总量控制在233.3亿立方米以内；基本完成大型灌区、重点中型灌区续建配套和节水改造任务。

水资源及水生态环境保护。主要江河湖泊水功能区水质明显改善，重要江河湖泊水功能区水质达标率松花江区提高到70%以上，辽河区提高到75%以上；地下水超采和区域地下水水位持续下降的态势基本得到遏制，地下水水资源质量有所改善；主要江河湖泊水生态系统得到基本保护，河湖生态水量得到基本保证；重要生态保护区、水源涵养区、江河源头区和湿地得到有效保护。

水土流失防治。新增水土流失治理面积5.07万平方公里，流域水源涵蓄能力明显提高，人为水土流失得到有效控制，水土保持监测及信息化建设全面推进，生态环境明显改善。

流域综合管理。最严格水资源管理制度基本健全，水生态文明制度体系逐步建立，水权水价市场改革取得重要进展，水利工程良性运行机制基本形成，全面推行河长制，逐步形成综合专业相统筹、流域区域相协调、部门行业相协同的流域议事协调机制和高效执行机制，逐步建立涉水行政事务城乡统一管理体制的运行机制，初步实现流域水利管理的现代化。

三、流域“十三五”水利发展总体布局

东部地区。合理调配流域水资源，满足区域经济发展和生态环境用水需求；加强商品粮基地和粮食战略储备基地水资源开发建设力度；加快重要城市和资源枯竭及水质污染型城市的水源工程建设速度；以预防保护措施和水源涵养措施为主，增强河源林区水源涵养和生态屏障功能。

中部地区。完善防洪减灾体系，提高重点城市和重点地区的防洪能力；合理调配流域和区域水资源，保障主要城市和粮食主产区的用水要求；积极推进产业结构调整，合理发展灌溉面积，加大现有灌区续建配套与改造力度，大力推广高效节水灌溉农业；加强水资源节约和保护，不断提高水资源利用效率和效益，加大污水治理力度，以重点区域、重点河段、重点城市水污染综合防治为主，加强水功能区及入河排污口监督管理，严格控制入河排污总量；加强生产建设项目监督管理，减少人为水土流失。

西部地区。在充分发挥自然自我修复能力、逐步解决和改善生态环境问题的前提下，调入必要适宜的水量，保障能源基地建设和城市发展的用水需求；以农牧

业生产为重点，对现有耕地中不适合耕种的逐步退耕还草还湿，突出地区优势作物，逐步改造中低产田，大力发展高效节水灌溉农业，提高耕地生产率，合理发展牧区水利建设；着力推动松嫩低平原盐碱地治理开发和生态环境保护；退还河道基本生态水量，严格控制入河排污总量，积极推进农村水环境综合整治；加大水土流失防治力度。

四、流域“十三五”水利改革发展主要任务

“十三五”时期，要立足于松辽流域水土资源分布特点和区域经济发展布局，围绕振兴东北老工业基地和国家粮食安全战略的部署，以完善“四大体系”为目标，加大重点流域、区域和薄弱环节的水利建设力度，减少水旱灾害造成的损失，提高供水保障能力，促进流域生态文明建设，为流域全面建成小康社会奠定坚实基础。

一是完善流域防洪减灾体系。完成东北三江治理和月亮泡、胖头泡蓄滞洪区防洪工程及安全建设；推进洮儿河、诺敏河、霍林河等50余条流域面积3000平方公里以上河流的治理工作，完成流域重点地区中小河流治理任务，开展新一轮中小河流综合整治；加大山洪灾害防治力度，完善山洪灾害监测预警系统和群测群防体系；加快实施大中型病险水闸和新出现大中型病险水库除险加固，推进重点海堤达标工程建设；加强重点涝区治理，全面提升城市和粮食主产区防洪及排涝能力。

二是优化流域水资源配置格局。在高效节水的基础上，重点推进引绰济辽、东台子、奋斗等水库工程建

设，加强以吉林西部供水为重点的河湖水系连通工程建设，进一步提高城乡供水保障能力。

三是推进农村水利建设。积极发展现代化高效节水农业，加快大中型灌区续建配套与节水改造，调整种植结构，因地制宜地发展灌溉面积，重点推动松嫩平原等灌区建设，精耕细作，增加粮食产量，切实保障国家粮食安全；开展农村饮水提质增效工作，提高农村集中供水率、供水保障率、水质合格率和自来水普及率；加快灌排泵站更新改造，完善农田灌排体系，解决农田灌溉“最后一公里”问题；按照“小建设、大保护”的发展思路，加快牧区水利建设。

四是加强水资源保护及水生态环境修复。全面开展流域水功能区水质监测，加强灌区退水治理力度，强化水资源保护措施，加强饮用水水源区和河源区保护，有效遏制地下水超采，开展生态廊道和生态综合治理与保护工程建设，加强河湖水资源生态调度，保障重要河湖生态用水。

五是加快黑土区水土流失防治步伐。加大水土流失防治力度，全面加强水土保持重点工程建设，开展坡耕地水土流失防治和侵蚀沟道水土流失防治专项工程。坚持人为防治、自然修复并举的防治措施，统筹山、水、田、林、路的小流域治理。

六是强化流域水利管理。严格用水总量、用水效率和水功能区排污总量控制，健全防洪管理制度，建立水生态补偿机制，强化涉水事务管理和执法监督，健全水权制度与水价机制，提高流域综合管理能力。

促进太湖流域经济社会发展提质增效

吴文庆

太湖流域河湖众多、河网密布，经济较为发达。“十二五”规划实施以来，太湖流域各级水行政主管部门认真贯彻中央关于加快水利改革发展的决策部署，着力解决流域水利存在的薄弱环节和突出问题，“十二五”规划所确定的水利建设和改革管理目标任务基本完成，有力保障了流域防洪安全、供水安全和水生态安全。“十三五”期间，太湖流域将按照党中央、国务院对水利改革发展的总体要求，牢固树立新发展理念，以全面提高水安全保障能力为目标，以加快完善水利基础设施网络和强化流域水环境综合治理为重点，以大力推行河长制和依法治水管水为抓手，以改革创新为动力，加快构筑具有流域特色的防洪减灾体系、水资源调控体系、水生态环境保护体系和流域综合管理体系，为经济社会发展提供坚实的水安全保障。

一、“十三五”太湖流域水利发展形势

“十三五”时期是太湖流域全面建成小康社会、率先基本实现现代化的攻坚期，流域经济社会发展需要水

利发挥更加坚实的支撑和保障作用。由于流域人口密度和经济总量较大，经济社会发展方式尚未根本改变，加上受亚热带季风气候和特殊的地形地貌等自然条件影响，太湖流域水资源约束趋紧、水环境压力加剧等水问题日益凸显，水安全形势不容乐观。

流域防洪安全保障能力不足。流域现状还不具备防御不同降雨典型50年一遇洪水的能力，部分区域还没有达到20～50年一遇的防洪标准，太湖洪水出路不足、流域防洪与区域排涝矛盾突出等问题尚未根本解决，与太湖流域经济发展的水平和地位极不相称；加上土地利用、圩区建设与地面沉降等下垫面变化，以及极端气候多发频发、海平面上升等周边水情势变化，流域防洪风险逐步增加。

河湖污染影响水源地供水安全。流域现状污染物排放总量远超水体纳污能力，2015年流域废污水排放量64亿吨，污径比达1∶4.9，化学需氧量、氨氮、总磷入河量达到流域水功能区纳污能力的2～3倍，流域重要水功能区水质达标率为42.6%，距流域规划确定的2020年达到80%的目标差距较大。太湖水体总体处于中度富营养水平，水质总体为Ⅴ类，太湖湖体藻型生境尚未根本改变，仍存在大规模暴发蓝藻的风险，对流域内相关水源地的威胁仍未消除，部分城市饮用水水源地水质和供水安全难以保障。

流域水资源调控与管理亟需强化。流域水资源不足，多年平均水资源量176.0亿立方米，远小于2015年流域用水总量341.4亿立方米，水资源供需平衡主要依靠引长江水和上下游重复利用弥补，难以满足经济社会可持续发展的需要。目前流域从长江引水的能力不足，仅有望虞河一条河道引长江水直接入太湖，在强化节水的条件下，遇枯水年、特枯水年流域仍缺水25亿～39亿立方米；同时，流域用水效率和水平离发达国家和国内先进地区仍有差距，实现流域规划确定的41亿立方米节水目标难度较大。

流域综合管理有待进一步加强。流域涉水事务的跨省市、跨行业协调协作体制机制有待进一步强化和完善；《太湖流域管理条例》配套制度建设进展缓慢，监督考核措施不够，深化实施难度大；流域水利信息化水平有待提升，信息采集基础设施薄弱、资源整合与共享难度大、管理决策应用系统不够完善，与经济社会发展水平和流域治理管理的科学化、精细化要求极不相称。

二、“十三五”太湖流域水利发展总体目标

太湖流域“十三五”水利发展的总体目标是全面推进水生态文明建设，基本建成“洪涝兼治、蓄泄兼筹”的防洪减灾体系、“全面节约、优化配置、统一管理”的水资源调控体系、“污染严格控制、水体有序流动、生态良性循环”的水生态环境保护体系和“权威、高效、先进、公平”的流域综合管理体系，加快形成与流域经济社会发展相适应、与涉水行业发展相协调的流域综合治理和管理格局，经济社会发展与水资源水环境承载力基本保持协调，率先实现水利现代化。

太湖流域力争全面达到防御不同降雨典型50年一

遇洪水标准；用水总量控制在336亿立方米以内，万元工业增加值用水量控制在39立方米以内，农田灌溉水有效利用系数达到0.6以上；城乡生活供水保证率达到95%～97%；重要河湖水功能区主要水质指标达标率达到80%，流域水面率维持在15%以上；新增水土流失治理面积0.25万平方公里。

三、“十三五”太湖流域水利发展主要任务

（一）继续加强防洪减灾工程建设

进一步推进太湖流域骨干引排工程建设。以提高太湖外排能力为重点，全力推进太浦河后续、望虞河拓宽、环太湖大堤后续、吴淞江工程等太湖蓄泄骨干工程前期工作，争取尽早开工建设，全面完成在建骨干引排工程，进一步提升“太湖调蓄、北向长江引排、东出黄浦江供排、南排杭州湾”的流域防洪与水资源调控能力。

加快流域区域骨干防洪排涝工程建设。以流域骨干引排工程为基础，进一步加强区域重点河道综合治理。江苏省重点实施苏南运河堤防达标工程和永安河、九曲河等区域通江河道治理工程；浙江省重点实施东苕溪、杭嘉湖地区环湖主要河道后续整治工程，推进杭嘉湖圩区综合治理；上海市重点实施大泖港上游河道防洪工程和西部地区流域泄洪通道防洪堤防达标工程，并加强省市协同，推进嘉宝北片区域北排通道建设，进一步深化黄浦江河口建闸和苏州河口泵闸前期研究。

搞好城市防洪排涝工程建设。建成大中型以上重要

城市的骨干防洪排涝工程，完善中小城市防洪排涝体系，加强小城镇引排能力建设，做好城镇排水管网与外围排水河道的衔接，妥善安排城市洪涝水滞蓄和外排出路，有条件的城市建设地下蓄水储水设施、排涝通道。大力推进海绵城市建设，以城市河湖水系为依托，加强河湖的生态治理和水系连通，适当恢复和增加城区水面率，加快推进嘉兴等全国首批海绵城市试点建设。

加强防洪薄弱环节治理。坚持系统治理、多元共治，继续实施重点中小河流河段治理和大中型病险水库、水闸除险加固，全面建成监测、通信、预报、预警等非工程措施与山洪沟、泥石流、滑坡治理等工程措施相结合的山洪灾害综合防治体系。

（二）大力推进水资源配置工程建设

加快实施节水供水重大水利工程。继续推进太湖流域水环境综合治理骨干引排工程，全面完成新沟河延伸拓浚、杭嘉湖环湖河道整治、新孟河延伸拓浚、望虞河西岸控制工程和太湖流域水资源监控与保护预警系统等工程建设。

继续推进其他重要水源和引供水工程建设。继续完善以长江、太湖—太浦河—黄浦江、山丘区水库及钱塘江为主，多源互补互备的供水水源布局。实施完成上海黄浦江上游水源地金泽水库、浙江杭州市第二水源千岛湖配水和湖州市新建太湖水厂工程，积极推进浙江嘉兴太湖引水、湖州太湖取水工程及江苏桃花、大吴塘水库建设；逐步实现县级以上城市水源的多源互补和供水管网互联互通。

（三）全面推进水生态文明建设

研究完善水生态文明建设总体思路。牢固树立山水林田湖生命共同体的系统思维，将水生态文明的理念贯穿于流域规划、工程建设和管理、防洪及水资源调度各项工作中，在总结实践经验的基础上，研究流域水生态文明的总体思路、主要目标和指标体系，探索实现流域水生态文明的抓手、途径和载体，提炼形成流域水生态文明建设理论体系。

全面落实最严格的水资源管理制度。实行水资源消耗总量和强度双控行动，制订太湖流域、新安江流域水量分配方案，建立和完善流域及省、市、县三级行政区域取用水总量控制指标体系。全面加强节水型社会建设，加强用水定额管理，发展农业节水、强化工业节水、加强城镇节水、推动全民节水，推进省区用水定额标准的修订及完善。落实省、市、县分阶段限制排污总量意见，实行污染物总量控制与重要河湖控制断面水质浓度双控制制度，2020 年太湖流域重要水功能区化学需氧量、氨氮限制排污总量分别为 41.47 万吨每年、2.92 万吨每年。加大水资源保护工作力度，大力推进排污口综合整治；进一步加强太湖、淀山湖、元荡以及老虎潭水库等重要湖库、饮用水保护区及农业生产区的内源治理和面源控制，继续实施太湖、环太湖河道及阳澄湖等生态清淤工程和太湖、滆湖、长荡湖、太浦河、京杭运河等周边农村面源污染综合治理；开展全国重要饮用水水源地名录的水源地治理，实施金泽水源地周边水系保护工程和金泽水源地及太北片其他生态湖荡建设工程；进一步加强太湖、望虞河、太浦河水资源保护，严格控制入太湖排污总量和主要入湖河流断面水质浓度，以及望虞河西岸支流、太浦河两河支流水质浓度。

加强水生态修复与水土保持生态建设。重点实施环太湖、淀山湖等湖滨带湿地保护和生态修复，大力开展平原河网地区河道定期轮浚和综合整治，以及小流域水生态环境综合整治。强化生产建设活动和项目水土保持监督管理，控制人为水土流失，完善水土保持监测系统。

实施江河湖库水系连通。促进河湖骨干水系与河网水系连通，继续加强引江济太水资源调度工作，扩大引江济太规模。浙江省实施百河综治工程，整体推进集水面积50～3000平方公里的100余条中小河流综合治理。上海市加强骨干河道整治，着力推进重点区域河道、重点污染河道和重点保护区河道治理1000公里及村级河道疏浚1.2万平方公里。

(四) 全面加强流域综合管理

持续强化依法治水管水。认真贯彻《水法》等涉水法律法规，组织开展“七五”普法，进一步强化《太湖流域管理条例》宣贯，着力推进《条例》配套制度建设，积极指导流域内设区市做好《条例》配套立法工作，加强流域内《条例》贯彻实施监督检查，细化实化工作要求，推动落实依法治水管水责任。依法全面履行水行政管理职能，坚持法定职责必须为，进一步推进行政审批制度改革，改进、规范水行政审批和监管方式。结合全面贯彻落实河长制的要求，创新执法体制、完善执法程序、继续强化执法，以太湖、望虞河、太浦河、新孟河及淀山湖等重要河流、湖泊以及省际边界重要河湖为重点，探索建立跨部门、跨地区联合巡查、联合会商和联合执法协作机制，进一步推动水政监察队伍专职化建设，加快完成水政监察基础设施建设。

不断加强流域综合管理。强化流域机构在流域规划管理、防洪和水资源统一调度、“三条红线”监督考核、河湖水域岸线管理等方面的职能，提高科学化、精细化管理水平。进一步完善流域水利规划体系，按照“多规合一”的要求，积极推进城市水利规划编制工作，强化水资源刚性约束。加强重点河湖调度管理，探索建立防洪、供水、生态多目标的综合调度体系，研究建立流域与区域水利工程联合调度的运行管理模式，保障太湖及河网生态用水需求，促进河网水体有序流动。健全河湖规划约束机制，落实河湖空间用途管制，严格控制水面率，探索研究规划确定的水面率控制指标的落实措施并加快推进实施，推动建立水域面积监测及考核制度。积极推进水利与互联网的融合，大力开展“智慧太湖”建设，以水利信息化带动水利现代化。

（五）深化重点领域改革

加快水行政职能转变，完善流域议事协调机制，强化水环境综合治理省部际联席会议及水利工作协调小组议事平台，完善环太湖城市政府水利工作会议机制，建立淀山湖、太浦河等跨省市上下游水资源保护联动合作机制，积极参与长江经济带区域互动合作机制建设。深化水利改革，率先全面建立科学规范的“河长制”，研究农业用水补贴和节水激励机制，研究建立水利工程水价与自来水水价以合理比例同步调整的机制，推动建立流域上下游、重要水源地、重要水生态治理区生态补偿机制；探索以供水、水电等资产及其相关收益权等作为还款来源和合法抵押担保物的融资方式，引导社会资本参与重大水利工程建设，积极推广 PPP 等新型建管模式。